Ever Benjamín Huerta Leija
Ernesto Vázquez

Localización de fallas en líneas de transmisión

Ever Benjamín Huerta Leija
Ernesto Vázquez

Localización de fallas en líneas de transmisión

Algoritmos de localización de falla que utilizan información de un solo extremo de la línea

Editorial Académica Española

Impressum / Aviso legal
Bibliografische Information der Deutschen Nationalbibliothek: Die Deutsche Nationalbibliothek verzeichnet diese Publikation in der Deutschen Nationalbibliografie; detaillierte bibliografische Daten sind im Internet über http://dnb.d-nb.de abrufbar.

Información bibliográfica de la Deutsche Nationalbibliothek: La Deutsche Nationalbibliothek clasifica esta publicación en la Deutsche Nationalbibliografie; los datos bibliográficos detallados están disponibles en internet en http://dnb.d-nb.de.

Coverbild / Imagen de portada: www.ingimage.com

Verlag / Editorial:
Editorial Académica Española
ist ein Imprint der / es una marca de
OmniScriptum GmbH & Co. KG
Bahnhofstraße 28, 66111 Saarbrücken, Deutschland / Alemania
Email / Correo Electrónico: info@eae-publishing.com

Herstellung: siehe letzte Seite /
Publicado en: consulte la última página
ISBN: 978-3-659-70201-3

Agradecimientos

Quiero agradecer a mis padres que durante todo el proceso de mi educación siempre estuvieron apoyándome incondicionalmente dándome sus palabras de aliento, gracias a sus consejos y dedicación he podido llegar a esta etapa de mi educación.

También quiero agradecer al Dr. Ernesto Vázquez que con su gran apoyo y asesoría he podido terminar este trabajo de Tesis, Al Dr. Juan Manuel Ramirez por su apoyo durante mi estancia educativa, a la Dra. Gina por su participación en este trabajo y a todos los profesores del Doctorado de Ingeniería Eléctrica por todos los conocimientos adquiridos.

Quiero tambien agradecer al CONACYT, FIME y la UANL que sin el apoyo de estas instituciones no hubiera sido posible realizar este trabajo, a mis compañeros del posgrado que durante dos años estuvimos compartiendo grandes momentos.

Muchas gracias por todo.

Índice general

Capítulo 1

Introducción

1.1. Motivación

La energía eléctrica hoy en día es una de las principales y más importantes fuentes de energía, muchas de nuestras actividades diarias no se llevarían a cabo sin este tipo de energía, el constante aumento en la población y la industrialización han hecho que la demanda de energía aumente considerablemente por lo que se tiene que satisfacer los requerimientos de energía, lo que ha ocasionado un crecimiento en el sistema eléctrico. El sistema de distribución de energía eléctrica, comienza desde el punto de generación hasta el punto de consumo que puede ser del tipo industrial, residencial o comercial, por lo general el punto de generación está alejado de las zonas de consumo por lo que se tiene que transmitir la energía por grandes distancias; esto trae como consecuencia que se incrementen los niveles de tensión para disminuir las pérdidas en las líneas de transmisión; las grandes distancias recorridas por las líneas y las condiciones de las áreas por donde pasan las hacen susceptibles a fallas, el suministro de energía eléctrica debe ser constante y de calidad por lo que requiere de seguridad durante todo su proceso por lo que es muy importante tener un sistema de protección confiable.

Al ocurrir una falla en una línea de transmisión los sistemas de protección deben operar de manera rápida para liberar la linea que esta en condición de falla y evitar así severos daños a los equipos o personal de campo. Una vez que línea es liberada, es de suma importancia conocer el punto donde ocurrió la falla para enviar a personal a su reparación, los encargados de localizar este punto son dispositivos llamados localizadores de falla por medio de algoritmos de localización estos deben de determinar de forma precisa el punto de donde ocurrió la falla, esto es de suma importancia, ya que de ello depende el tiempo de reparación por parte del personal de mantenimiento, si la ubicación de la falla no es bien estimada esto se reflejara en un tiempo mayor en que la línea este fuera de servicio debido a que las patrullas deberán de inspeccionar una mayor distancia de la longitud de la linea, esto es crítico cuando la línea está ubicada en terreno de difícil acceso (ríos, montañas, pantanos, etc.) donde no se puede inspeccionar de forma terrestre por lo que se necesita inspección aérea.

Las lineas de transmisión generalmente transfieren una potencia considerable a los centros de consumo, por lo que al estar fuera de servicio la potencia que suministraba la línea tiene que ser abastecida por alguna otra linea más cercana, esta linea que abastece adicionalmente la potencia de la línea fuera de servicio, podría llegar a la sobrecarga trayendo consigo el disparo de las protecciones provocando un disparo de las lineas en cascada afectando la estabilidad del sistema pudiéndolo llevar al colapso. Estos factores afectarían la continuidad del servicio y por lo tanto la confiabilidad del mismo por parte de la compañía suministradora. El contar con algoritmos de localización de fallas confiables permitirá ubicar el lugar donde ocurrió la falla en el menor tiempo posible, reduciendo el tiempo en el que la línea se encuentre fuera de servicio [1].

1.2. Antecedentes

Los algoritmos de localización de fallas en líneas de transmisión hacen uso de diferentes técnicas para encontrar el punto de falla, independientemente de esto de acuerdo a la cantidad de mediciones a las que tengan acceso se puede dividir en:

- **Algoritmos de localización de fallas de un solo terminal**; estos algoritmos solo utilizan la información de un extremo de la línea protegida y no requieren información del extremo opuesto para encontrar el punto de falla. Son los más utilizados cuando no se cuenta con facilidades de comunicación entre ambos extremos de la línea.

- **Algoritmos de localización de falla de dos o más terminales**; estos algoritmos requieren la información de dos o mas extremos de la línea protegida. Estos algoritmos requieren de facilidades de comunicación para intercambiar información entre las terminales de la línea.

Los algoritmos de localización de fallas en líneas de transmisión de acuerdo a la técnica que utilizan para encontrar el punto de falla pueden subdividirse en cuatro grupos:

(a) Algoritmos basados en corrientes y voltajes de frecuencia fundamental.

(b) Algoritmos basados en componentes de alta frecuencia de voltajes y corrientes generados por la falla.

(c) Algoritmos basados en la propagación de ondas viajeras por la línea.

(d) Algoritmos basados en Inteligencia Artificial

Los algoritmos basados en corrientes y voltajes de frecuencia fundamental, utilizan los fasores de voltaje y corriente de frecuencia fundamental para determinar la impedancia de falla, esta es considerada como la impedancia del segmento de la línea fallada es decir la distancia a la falla, los métodos que pertenecen a esta categoría son simples y económicos para su implementación. El primer trabajo en localización de fallas en líneas de transmisión perteneciente a este grupo es publicado en 1968 con un algoritmo que determina la componente imaginaria de la impedancia medida en condiciones de cortocircuito es denominado algoritmo de Reactancia [2]. En 1982 Takagi [3] propone un algoritmo en el que elimina el error provocado por la resistencia de falla multiplicando el termino de voltaje en la falla por una magnitud tal que el resultado sea real, en 1985 Eriksson [4] propone la obtención de una ecuación para la ubicación de la falla a partir de la reducción de toda la red, incluyendo las impedancias de las fuentes, en 1993 Novosel y Phadke [5] proponen un algoritmo en el que no se requiere conocer las impedancias de las fuentes, ni se supone que el sistema es homogéneo la suposición en este caso es que la redes de secuencia positiva y negativa son homogéneas mas no las de secuencia cero [6].

Los algoritmos basados en componentes de alta frecuencia de voltajes y corrientes generados por la falla, utilizan las mediciones de voltaje y corriente de alta frecuencia que viajan entre las terminales de la línea y la falla. En 1974 J. Kohlas [7] utiliza información de alta frecuencia generada en el momento de la falla, para encontrar el punto donde ocurrió la falla, en 2012 Javad Sadeh [8] solo utiliza las mediciones de voltaje de falla de un terminal de la línea del cual solo extrae las amplitudes de la componentes armónicas y mediante el algoritmo K-NN obtiene la ubicación de la falla, esta técnica no es ampliamente usada ya que es considerada cara y compleja además de que es es sensible al ruido, por lo que requiere del uso de filtros sintonizadores para la medición de las componentes de alta frecuencia [9] [10].

Los algoritmos basados en la propagación de ondas viajeras por la línea se han desarrollado en dos variantes. En una de ellas se observa los instantes de tiempo a ambos terminales de la línea en el que llegan los primeros frentes de onda provocados por la falla, este es un método que requiere equipos a ambos terminales. En 1978 Herman Dommel propone un algoritmo el cual compara los frentes de onda provocados por la falla, mediante un diferencial de tiempos determina el lugar donde ocurrió la falla [11]. En la segunda variante consiste en trasmitir un impulso eléctrico a la línea fallada y medir el tiempo transcurrido entre ese instante y el de recepción del pulso reflejado por la falla. En 1983 Crossley y Maclaren [12] proponen un algoritmo que recibe información de ondas viajeras en un terminal de la línea, mediante un proceso de comparación mediante correlación localiza el lugar de la falla. Estos métodos son considerados muy exactos sin embargo son muy complejos y costosos para su aplicación ya que requieren altas frecuencias de muestreo además del uso de transformadores de corriente y potencial ópticos por su mayor ancho de banda [1].

Los algoritmos basados en Inteligencia artificial hacen uso de técnicas como redes neuronales, sistemas expertos, teoría de conjuntos difusos etc. para determinar el punto donde ocurrio la falla. En el 2012 Raj K. Aggarwal [13] propone un algoritmo en el que implementa una red neuronal artificial en cual hace el uso solo de las mediciones de corriente, estos algoritmos no son muy utilizados ya que son complejos e imponen una mayor carga computacional. [14] [15].

Los algoritmos basados en corrientes y voltajes de frecuencia fundamental satisfacen el requerimiento de precisión en cuanto a la ubicación de la falla si se dispone de los datos de voltaje y corriente en todos los extremos de la línea protegida a través de canales de comunicación. Sin embargo, cuando la infraestructura de comunicaciones no esta disponible, la utilización de los algoritmos de un solo terminal tienen un pobre desempeño; es por eso que este trabajo se enfoca en los algoritmos de un solo terminal con el propósito de establecer alternativas para estimar información del extremo opuesto con el fin disminuir el error en la localización en dichos algoritmos.

1.3. Objetivo

El objetivo de la presente tesis es revisar los algoritmos de localización de fallas basados en voltajes y corrientes de frecuencia fundamental que utilizan información de un solo terminal de la línea y establecer alternativas para estimar información del extremo opuesto de la misma, con el fin de proponer una modificación en los algoritmos de Reactancia y Takagi que logren disminuir el error en la determinación del punto de falla.

1.4. Metodología

La metodología de trabajo en este trabajo de tesis consta de 4 etapas:

1. Realizar un estudio del estado del arte de los algoritmos de localización de falla donde se tendrá énfasis en los algoritmos de un solo terminal, revisando cuáles son sus principales problemas de aplicación.

2. Revisar los algoritmos de localización de falla de un solo de terminal más comunes (Rectancia, Takagi, Novosel y Phadke) con el fin de conocer cual son los principales problemas que causan error en la determinación del punto de falla.

3. Analizar alternativas para estimar la información de voltaje y corriente del extremo opuesto de la línea, y proponer modificaciones en los algoritmos de localización de falla de un

solo terminar para mejorar su desempeño.

4. Analizar los resultados de la localización de falla de los algoritmos modificados, utilizando distintos sistemas de prueba.

1.5. Estructura de la tesis

En el capítulo 1 se describe la introducción de la presente tesis en el cual se presenta la motivación, antecedentes, objetivo, metodología y estructura de la misma.

El capítulo 2 describe los algoritmos de Rectancia, Takagi, Novosel y Phadke que solo utilizan información de un extremo de la línea, se desarrollan las ecuaciones generales de cada algoritmo y se hace un énfasis en los problemas de aplicación que ocasionan errores en la determinación del punto de falla, se realiza un análisis del grado de precisión de los algoritmos utilizando un sistema de potencia de dos fuentes simulado en Matlab.

En el capítulo 3 se describen 4 alternativas para estimar información del extremo opuesto de la línea de transmisión y se hace una evaluación de las alternativas mediante un sistema de potencia compuesto por un equivalente de dos máquinas.

En el capítulo 4 se describen los algoritmos de Reactancia y Takagi modificados, las ecuaciones para determinar la distancia al punto de falla incluyen el efecto de los datos de voltaje y corriente del extremo opuesto de la línea de transmisión.

En el capítulo 5 se describen los sistemas de prueba utilizados y se realiza un análisis del grado de precisión de los algoritmos propuestos en el capítulo 4, considerando distintos escenarios. Se realiza un análisis de los resultados obtenidos.

En el capítulo 6 se presentan las conclusiones finales, así como las aportaciones de la presente tesis y las recomendaciones para trabajos futuros en la localización de fallas en líneas de transmisión.

Capítulo 2

Algoritmos de localización de falla basados en voltajes y corrientes de frecuencia fundamental de un solo terminal

2.1. Introducción

El sistema eléctrico de potencia debido a su complejidad y gran tamaño es susceptible a fallas en sus elementos. Cuando ocurre una falla el elemento fallado debe ser desconectado de forma inmediata del resto del sistema para evitar mayores daños y remover la situación de emergencia. Esta acción es llevada a cabo de forma rápida y precisa por un conjunto de dispositivos de protección. Así cuando ocurre una falla en una línea de transmisión o distribución es muy importante para el servicio identificar de forma rápida la ubicación de la falla, si la ubicación de la falla no es bien ubicada y la línea se encuentra fuera de servicio durante un periodo donde la demanda es grande, severos perdidas económicas pueden ocurrir y la confiabilidad del servicio puede ser cuestionada. Estas circunstancias han incrementado la importancia de la localización de fallas.

La localización de fallas esta directamente relacionado con los reles de protección. El rele de distancia que se utiliza en las líneas de transmisión provee alguna idea de donde ocurrió la falla pero no esta diseñado para ubicar la falla de forma precisa. Sin embargo la protección y localización de fallas es llevada a cabo mediante el procesamiento de las mismas señales de voltaje y corriente que son obtenidos de los instrumentos de medición. La localización de falla es una característica deseable en cualquier esquema de protección, localizar la falla de forma precisa acelera la restauración de la línea y por lo tanto mantiene la estabilidad del sistema. Hay diferentes demandas formuladas para la protección y localización, la ultima debe ser lo mas precisa y con gran exactitud, la localización del punto de falla se hace fuera de línea, esta utiliza los datos grabados, mientras que la protección lo hace en línea tan rápido como sea posible.

Diferentes algoritmos se han desarrollado para obtener una mejor estimación del punto de falla dependiendo de los datos utilizados de uno o dos terminales de la línea. Muchas de las investigaciones se han enfocado en la localización de fallas en lineas de transmisión debido al impacto que estas causan en el sistema y el tiempo requerido para la inspección física de las lineas.

El contar con un dispositivo que ubique el punto de falla de forma precisa se reflejara en un menor tiempo en el que la línea se encuentre fuera de servicio y por lo tanto mantendrá la estabilidad del sistema, así como también la confiabilidad del mismo. Los algoritmos de localización de fallas que utilizan información de un solo terminal son simples y económicos cuando son comparados con las técnicas de onda viajera y componentes de alta frecuencia. Estos algoritmos son diseñados para estimar la ubicación de la falla haciendo uso de los fasores de voltaje y corrientes de frecuencia fundamental medidos en una sola terminal de la línea así como también hace uso de algunos valores de impedancia del sistema.

En este capítulo se describen los mas comunes algoritmos de localización de falla que utilizan fasores de voltaje y corriente de frecuencia fundamental de un solo terminal de la línea de transmisión fallada, se desarrollan las ecuaciones generales de cada algoritmo y se hace un énfasis en los problemas de aplicación que ocasionan errores en la determinación del punto de falla, se analiza el grado de precision de los algoritmos utilizando un sistema de prueba de dos fuentes con una linea de transmisión simulado en Matlab.

2.2. Fundamentos de los algoritmos de localización de falla de un solo terminal

Este tipo de algoritmos hacen uso de los fasores de voltaje y corriente de un solo terminal de la línea protegida, su principal ventaja es que no requieren comunicación con el extremo remoto de la línea por lo que los hacen los más utilizados cuando no se cuenta con la capacidad de comunicación; el problema de estos algoritmos es que se desconoce la magnitud de la corriente de falla del extremo remoto lo que provoca errores en la estimación del punto de falla. Estos errores son debido principalmente a la resistencia de falla y a los ángulos de las impedancias equivalentes a ambos extremos de las líneas. Cuando la resistencia de falla es cero la estimación del punto de falla no se ve afectado por la magnitud de la corriente del extremos opuesto, pero cuando la resistencia de falla es diferente de cero esta corriente se tiene que tomar en cuenta, debido a que los algoritmos de un solo terminal no tienen acceso a la medición del extremo opuesto, realizan ciertas aproximaciones para desestimarla lo que provoca cierto error en la determinación del punto de falla. Los algoritmos se diferencian entre sí según la forma en que compensan el error producido por la resistencia de falla al momento de calcular la distancia al punto de falla.

En la Figura 2.1 se presenta el diagrama unifilar de una línea de transmisión corta con una impedancia total $\underline{Z}_L = R_L + jX_L$ (se desprecia el efecto capacitivo), conectada entre dos sistemas representados por sus equivalentes Thevenin (E_A, Z_A, E_B, Z_B), donde ocurre una falla en el punto F, con un valor de resistencia de falla R_f. La impedancia al punto de falla desde la terminal A es $m\underline{Z}_L$, donde la distancia al punto de falla se representa por m, que es una magnitud normalizada con respecto a la longitud de la línea, donde $0 < m < 1$, tal que si $m = 0$ la falla esta al inicio de la línea y si $m = 1$ la falla ocurre al final de la línea.

Considerando que el localizador de falla está en la terminal A, de la Figura 2.1 se deduce:

$$\underline{V}_A = m\underline{Z}_L\underline{I}_A + R_f\underline{I}_F \tag{2.1}$$

Donde $\underline{V}_A$ e $\underline{I}_A$ son el voltaje y la corriente en la terminal A de la línea, $\underline{I}_F$ es la corriente total de falla, que es la suma de las corrientes de falla desde ambas terminales de la línea, $\underline{I}_A$ e $\underline{I}_B$, y m es la distancia al punto de falla. Así el cálculo de m depende del voltaje y la corriente local (terminal A) y del valor de la corriente total de falla, $\underline{I}_F = \underline{I}_A + \underline{I}_B$. De lo anterior se concluye que el término $R_f\underline{I}_F$ representa el error en la estimación del punto de falla; en el caso de una falla sólida, donde $R_f = 0$, el error de estimación sería nulo. Sin embargo, el valor R_f siempre está presente, y representa el valor de la resistencia de arco para una falla entre fases o la suma del valor de la resistencia de arco más la resistividad del terreno para una falla a tierra.

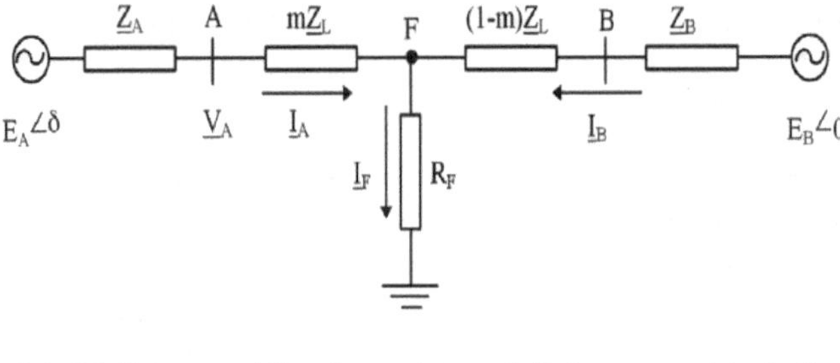

Figura 2.1: *[1] Sistema unifilar de un sistema fallado, con modelo de línea corta.*

A continuación se describen los algoritmos de Reactancia [2], Takagi [3], Novosel [5] y Phadke [6] que no requieren conocer las impedancias equivalentes de los extremos de la línea pero realizan ciertas consideraciones para reducir el error debido a que no se conoce la información de lado opuesto de la línea de transmisión. Algunos de estos algoritmos se utilizan en los relevadores comerciales, e.g. los relevadores GE utilizan el algoritmo de Takagi para la localización de fallas [16].

2.3. Algoritmo de Reactancia

El algoritmo de Reactancia [2] se basa en la determinación de la componente imaginaria de la impedancia medida en condiciones de cortocircuito. Partiendo de (2.1):

$$\frac{\underline{V}_A}{\underline{I}_A} = m\underline{Z}_L + R_f\frac{\underline{I}_F}{\underline{I}_A} \tag{2.2}$$

Tomando la parte imaginaria de (2.2)

$$Im\left\{\frac{\underline{V}_A}{\underline{I}_A}\right\} = m\underline{X}_L + R_f Im\left\{\frac{\underline{I}_F}{\underline{I}_A}\right\} \tag{2.3}$$

$$m = \frac{1}{X_L} Im\left\{\frac{\underline{V}_A}{\underline{I}_A}\right\} - \frac{R_f}{X_L} Im\left\{\frac{\underline{I}_F}{\underline{I}_A}\right\} \tag{2.4}$$

Haciendo la aproximación de que en (2.4) la R_f es muy pequeña o cero, la expresión de la distancia a la falla queda:

$$m = \frac{1}{X_L} Im\left\{\frac{\underline{V}_A^M}{\underline{I}_A^M}\right\} \tag{2.5}$$

dónde $\underline{V}_A^M$ e $\underline{I}_A^M$ son el voltaje y la corriente medidos por el localizador, que se forman de acuerdo al tipo de falla según la Tabla 2.1

Tabla 2.1: *Voltajes y corrientes medidos por el localizador de falla.*

Tipo de falla	$\underline{V}_A^M$	$\underline{I}_A^M$
at	$\underline{V}_{Aa}$	$\underline{I}_{Aa} + \underline{K}_0\underline{I}_{A0}$
bt	$\underline{V}_{Ab}$	$\underline{I}_{Ab} + \underline{K}_0\underline{I}_{A0}$
ct	$\underline{V}_{Ac}$	$\underline{I}_{Ac} + \underline{K}_0\underline{I}_{A0}$
ab, abc, abt	$\underline{V}_{Aa} - \underline{V}_{Ab}$	$\underline{I}_{Aa} - \underline{I}_{Ab}$
bc, abc, bct	$\underline{V}_{Ab} - \underline{V}_{Ac}$	$\underline{I}_{Ab} - \underline{I}_{Ac}$
ca, abc, cat	$\underline{V}_{Ac} - \underline{V}_{Aa}$	$\underline{I}_{Ac} - \underline{I}_{Aa}$
$abct$	$\underline{V}_{Ac}$	$\underline{I}_{Ac}$

En la Tabla 2.1 $\underline{K}_0$ se define como:

$$\underline{K}_0 = \frac{\underline{Z}_{L0} - \underline{Z}_{L1}}{3\underline{Z}_{L1}} \tag{2.6}$$

donde $\underline{Z}_{L0}$ y $\underline{Z}_{L1}$ son las impedancias de la línea de secuencia cero y positiva respectivamente.

El error provocado por la corriente de falla está dado por:

$$\varepsilon = \frac{R_f}{X_L} Im \left\{ \frac{\underline{I}_F}{\underline{I}_A} \right\} \tag{2.7}$$

El error es nulo en dos escenarios, primero si $R_f = 0$ y segundo si $\underline{I}_F$ e $\underline{I}_A$ están en fase, esto quiere decir que no hay generación en el extremo remoto de la línea o cuando el desfasaje de las fuentes de generación es cero ($\delta = 0$) y el sistema es homogéneo (las impedancias del sistema tienen ángulos iguales); no obstante este escenario es poco factible que ocurra en la práctica.

2.4. Algoritmo de Takagi

El algoritmo de Takagi [3] trata de eliminar el error del algoritmo de Reactancia multiplicando el término del voltaje en la falla por una magnitud tal, que el resultado sea real.

En la Figura 2.2 se muestran los circuitos equivalentes de prefalla y falla respectivamente para la línea descrita en la Figura 2.1.

De la Figura 2.2 se tiene:

$$\underline{I}_A = \underline{I'}_A + \underline{I"}_A \tag{2.8}$$

definiendo

$$\underline{K}_A = K_A e^{j\alpha} = \frac{\underline{I}_F}{\underline{I"}_A} \tag{2.9}$$

donde

$$\underline{I}_F = \underline{K}_A \underline{I"}_A \tag{2.10}$$

Multiplicando (2.1) por el conjugado complejo de $\underline{I}_F$ (2.10), se tiene:

$$\underline{V}_A \underline{I}_F^* = m\underline{Z}_L \underline{I}_A \underline{I}_F^* + R_f \underline{I}_F \underline{I}_F^* \tag{2.11}$$

Sustituyendo (2.10) en (2.11) se obtiene:

$$\underline{V}_A \underline{K}_A^* \underline{I"}_A^* = m\underline{Z}_L \underline{I}_A \underline{K}_A^* \underline{I"}_A^* + R_f \underline{I}_F \underline{I}_F^* \tag{2.12}$$

Tomando la parte imaginaria de (2.12):

$$Im \{\underline{V}_A \underline{K}_A^* \underline{I"}_A^*\} = mIm \{\underline{Z}_L \underline{I}_A \underline{K}_A^* \underline{I"}_A^*\} \tag{2.13}$$

Despejando para m:

$$m = \frac{Im\{\underline{V}_A \underline{K}_A^* \underline{I}"_A^*\}}{Im\{\underline{Z}_L \underline{I}_A \underline{K}_A^* \underline{I}"_A^*\}} \tag{2.14}$$

Sustituyendo (2.9) en (2.14) queda:

$$m = \frac{Im\{\underline{V}_A \underline{I}"_A^* e^{-j\alpha}\}}{Im\{\underline{Z}_L \underline{I}_A \underline{I}"_A^* e^{-j\alpha}\}} \tag{2.15}$$

Takagi hace la aproximación $\alpha = 0$ y resulta :

$$m = \frac{Im\{\underline{V}_A \underline{I}"_A^*\}}{Im\{\underline{Z}_L \underline{I}_A \underline{I}"_A^*\}} \tag{2.16}$$

La suposición de $\alpha = 0$ hace que el factor de distribución de corriente ($\underline{K}_A$) queda como número real lo que equivale a suponer que el sistema es homogéneo, introduciendo un error en la estimación del punto de falla cuando el sistema no lo es.

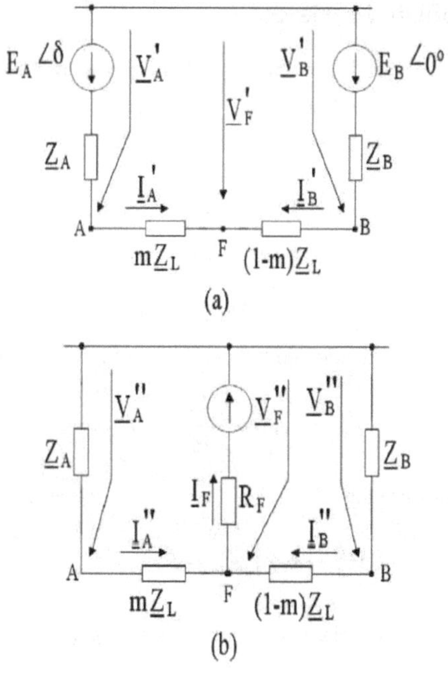

Figura 2.2: *[3] Circuitos equivalentes de prefalla (a) y de falla (b) para un cortocircuito trifásico en el sistema de la Figura 2.1*

2.5. Algoritmo de Novosel

El algoritmo de Novosel [5], constituye una versión mejorada del algoritmo de Takagi en que no se requiere conocer las impedancias de las fuentes, tampoco supone que el sistema es homogéneo, la suposición se basa en que las redes de secuencia positiva y negativa son homogéneas más no la de secuencia cero.

En el algoritmo de Novosel se considera que el factor de distribución de corriente de secuencia negativa es un número real, y se obtienen ecuaciones en que el factor de distribución de corriente de secuencia cero no afecta la exactitud del estimado de la localización de la falla cuando ésta involucra tierra. Además, la exactitud del algoritmo no se ve influenciada por la magnitud del factor de distribución de la corriente de secuencia negativa. Esto ocasiona que se tenga una ecuación para cada tipo de falla.

2.5.1. Falla monofásica a tierra

En este tipo de falla las redes de secuencia quedan conectadas en serie.

$$\underline{I}_{F1} = \underline{I}_{F2} = \underline{I}_{F0} = \frac{\underline{I}_F}{3} \tag{2.17}$$

$$\underline{I"}_{A1} = \underline{K}_1 \underline{I}_{F1} \tag{2.18}$$

$$\underline{I"}_{A2} = \underline{K}_2 \underline{I}_{F2} = \underline{I}_{A2} \tag{2.19}$$

$$\underline{I"}_{A0} = \underline{K}_0 \underline{I}_{F0} = \underline{I}_{A0} \tag{2.20}$$

y la corriente medida por el localizador de falla en la fase 'a' es:

$$\underline{I}_A^M = \underline{I}_{Aa} + \frac{\underline{Z}_{L0} - \underline{Z}_{L1}}{3\underline{Z}_{L1}} \underline{I"}_{A0} \tag{2.21}$$

el voltaje medido por el localizador es:

$$\underline{V}_A^M = m\underline{Z}_{L1}\underline{I}_{Aa} + R_f \frac{3\underline{I"}_{A2}}{\underline{K}_2} \tag{2.22}$$

Suponiendo que la red de secuencia negativa es decir $arg(\underline{K}_2) = 0$, se puede considerar $3R_f/\underline{K}_2 = K$ resultando

$$\underline{V}_A^M = m\underline{Z}_{L1}\underline{I}_A^M + K\underline{I"}_{A2} \tag{2.23}$$

Descomponiendo (2.23) en sus partes real e imaginaria se obtienen dos ecuaciones con dos incógnitas m y k, resolviendo el sistema de ecuaciones para eliminar k se obtiene la distancia a la falla, quedando:

$$m = \frac{\frac{Re(\underline{V}_A^M)}{Re(\underline{I''}_{A2})} - \frac{Im(\underline{V}_A^M)}{Im(\underline{I''}_{A2})}}{R_{L1}\left[\frac{Re(\underline{I}_A^M)}{Re(\underline{I''}_{A2})} - \frac{Im(\underline{I}_A^M)}{Im(\underline{I''}_{A2})}\right] - X_{L1}\left[\frac{Re(\underline{I}_A^M)}{Im(\underline{I''}_{A2})} + \frac{Im(\underline{I}_A^M)}{Re(\underline{I''}_{A2})}\right]} \tag{2.24}$$

Los factores de distribución de corriente de secuencia positiva y negativa $\underline{K}_1$ y $\underline{K}_2$ pueden considerarse iguales; por lo tanto de (2.18), (2.19) y (2.20) resulta que en (2.24) puede utilizarse $\underline{I''}_{A1} = \underline{I}_{A1} - \underline{I'}_{A1}$ en lugar de $\underline{I''}_{A2}$. Esto requiere conocer la corriente de prefalla $\underline{I'}_{A1}$.Al utilizar la corriente de secuencia positiva se desprecia el desbalance de la linea en estado estable.

$$m = \frac{\frac{Re(\underline{V}_A^M)}{Re(\underline{I''}_{A1})} - \frac{Im(\underline{V}_A^M)}{Im(\underline{I''}_{A1})}}{R_{L1}\left[\frac{Re(\underline{I}_A^M)}{Re(\underline{I''}_{A1})} - \frac{Im(\underline{I}_A^M)}{Im(\underline{I''}_{A1})}\right] - X_{L1}\left[\frac{Re(\underline{I}_A^M)}{Im(\underline{I''}_{A1})} + \frac{Im(\underline{I}_A^M)}{Re(\underline{I''}_{A1})}\right]} \tag{2.25}$$

2.5.2. Falla bifásicas a tierra

En este caso las redes de secuencia quedan conectadas en paralelo, el voltaje en la falla esta dado por:

$$\underline{V}_{A1} - \underline{V}_{A2} = m\underline{Z}_{L1}(\underline{I}_{A1} - \underline{I}_{A2}) + \frac{R_F}{2}(\underline{I}_{F1} - \underline{I}_{F2}) \tag{2.26}$$

Aplicando (2.18) y (2.19) en (2.26) resulta:

$$\underline{V}_{A1} - \underline{V}_{A2} = m\underline{Z}_{L1}(\underline{I}_{A1} - \underline{I}_{A2}) + \frac{R_F}{2}(\frac{\underline{I''}_{A1}}{\underline{K}_1} - \frac{\underline{I'}_{A2}}{\underline{K}_2}) \tag{2.27}$$

Suponiendo los factores de distribución iguales ($\underline{K}_1 = \underline{K}_0$),sustituyendo las componentes simétricas por magnitudes de fase, en este caso una falla entre las fases *byc*:

$$\frac{\underline{V}_{Ab} - \underline{V}_{Ac}}{\underline{a}^2 - \underline{a}} = m\underline{Z}_{L1}\frac{\underline{I}_{Ab} - \underline{I}_{Ac}}{\underline{a}^2 - \underline{a}} + \frac{R_F}{2}\frac{1}{\underline{K}_1}\frac{\underline{I''}_{Ab} - \underline{I''}_{Ac}}{\underline{a}^2 - \underline{a}} \tag{2.28}$$

donde a=1 ∠ 120°

Suponiendo que la red de secuencia negativa es homogénea es decir $arg(\underline{K}_1) = 0$, se puede considerar $R_f/2\underline{K}_1 = K$ resultando:

$$\underline{V}_A^M = m\underline{Z}_{L1}\underline{I}_A^M + K\underline{I''}_A^M \tag{2.29}$$

Separando (2.29) en sus partes real e imaginaria y resolviendo para eliminar K se obtiene:

$$m = \frac{\frac{Re(\underline{V}_A^M)}{Re(\underline{I''}_A^M)} - \frac{Im(\underline{V}_A^M)}{Im(\underline{I''}_A^M)}}{R_{L1}\left[\frac{Re(\underline{I}_A^M)}{Re(\underline{I''}_A^M)} - \frac{Im(\underline{I}_A^M)}{Im(\underline{I''}_A^M)}\right] - X_{L1}\left[\frac{Re(\underline{I}_A^M)}{Im(\underline{I''}_A^M)} + \frac{Im(\underline{I}_A^M)}{Re(\underline{I''}_A^M)}\right]} \tag{2.30}$$

2.5.3. Falla bifásica

En este caso $\underline{I}_{A1} = \underline{-I}_{A2}$ sustituyendo esta condición en (2.26), utilizando (2.18) y reemplazando $\underline{a}^2 - \underline{a}$ por $-j\sqrt{3}$ resulta:

$$\underline{V}_A^M = m\underline{Z}_{L1}\underline{I}_A^M + R_F\frac{\underline{I}_{A2}}{\underline{K}_2}(-j\sqrt{3}) \tag{2.31}$$

Haciendo la suposición de que $arg(\underline{K}_2) = arg(\underline{I"}_{A2}/\underline{I}_{F2}) = 0$ se puede considerar $\sqrt{3}R_F/\underline{K}_2 = K$ resultando:

$$\underline{V}_A^M = m\underline{Z}_{L1}\underline{I}_A^M + jK\underline{I}_{A2} \tag{2.32}$$

Separando (2.32) en sus partes real e imaginario y resolviendo para eliminar K se obtiene la ecuación de la distancia a la falla:

$$m = \frac{\frac{Re(\underline{V}_A^M)}{-Im(\underline{I}_{A2})} - \frac{Im(\underline{V}_A^M)}{Re(\underline{I}_{A2})}}{R_{L1}\left[\frac{Re(\underline{I}_A^M)}{-Im(\underline{I}_{A2})} - \frac{Im(\underline{I}_A^M)}{Re(\underline{I}_{A2})}\right] - X_{L1}\left[\frac{Re(\underline{I}_A^M)}{Re(\underline{I}_{A2})} + \frac{Im(\underline{I}_A^M)}{-Im(\underline{I}_{A2})}\right]} \tag{2.33}$$

2.5.4. Falla Trifásica

En el caso de la falla trifásica solo se utiliza la red de secuencia positiva, de acuerdo al algoritmo de Novosel se pueden utilizar las señales de cualquiera de las tres fases. El voltaje medido en la fase a es:

$$\underline{V}_{Aa} = m\underline{Z}_{L1}\underline{I}_{Aa} + R_F\underline{I}_F = m\underline{Z}_{L1}\underline{I}_{Aa} + R_F\frac{\underline{I"}_{Aa}}{\underline{K}_1} \tag{2.34}$$

Haciendo la suposición de que $arg(\underline{K}_1) = 0$ se puede considerar $R_F/\underline{K}_1 = K$ resulta:

$$\underline{V}_{Aa} = m\underline{Z}_{L1}\underline{I}_{Aa} + K\underline{I"}_{Aa} \tag{2.35}$$

Descomponiendo (2.35) en sus partes real e imaginaria y resolviendo para eliminar K resulta la distancia a la falla:

$$m = \frac{\frac{Re(\underline{V}_A^M)}{Re(\underline{I"}_{Aa})} - \frac{Im(\underline{V}_A^M)}{Im(\underline{I"}_{Aa})}}{R_{L1}\left[\frac{Re(\underline{I}_{Aa})}{Re(\underline{I"}_{Aa})} - \frac{Im(\underline{I}_{Aa})}{Im(\underline{I"}_{Aa})}\right] - X_{L1}\left[\frac{Re(\underline{I}_{Aa})}{Im(\underline{I"}_{Aa})} + \frac{Im(\underline{I}_{Aa})}{Re(\underline{I"}_{Aa})}\right]} \tag{2.36}$$

En (2.36) el calculo de la corriente $\underline{I"}_{Aa} = \underline{I}_{Aa} - \underline{I'}_{Aa}$ requiere conocer la corriente de prefalla $\underline{I'}_{Aa}$

2.6. Algoritmo de Phadke

En el algoritmo de phadke [6] el voltaje medido por el localizador de falla es representado por:

$$\underline{V}_A^M = m\underline{Z}_L\underline{I}_A^M + R_F\underline{I}_F \tag{2.37}$$

Representando la corriente de falla en función de la componente de secuencia positiva y del factor de distribución de corriente correspondiente:

$$\underline{I"}_{A1} = \frac{\underline{I}_{F1}}{\underline{K}_1} = \frac{\underline{I}_F\underline{K}_1}{3} \tag{2.38}$$

Entonces, sustituyendo (2.38) en (2.37) se obtiene:

$$\underline{V}_A^M = m\underline{Z}_L\underline{I}_A^M + R_F\frac{3}{\underline{K}_1}\underline{I"}_{A1} \tag{2.39}$$

Suponiendo que la red de secuencia positiva es homogénea es decir $arg(\underline{K}_1) = 0$, se puede considerar $3R_f/\underline{K}_1 = K$ resultando:

$$\underline{V}_A^M = m\underline{Z}_L\underline{I}_A^M + K\underline{I"}_{A1} \tag{2.40}$$

Phadke hace la recomendación de la utilización de $\underline{I"}_{Aa}$en sustitución de $\underline{I"}_{A1}$.

Descomponiendo (2.40) en sus partes real e imaginaria y resolviendo para eliminar K resulta la ecuación de la distancia a la falla:

$$m = \frac{Re(\underline{V}_A^M)Im(\underline{I"}_{Aa}) - Im(\underline{V}_A^M)Re(\underline{I"}_{Aa})}{R_{L1}\left[Re(\underline{I}_A^M)Im(\underline{I"}_{Aa}) - Im(\underline{I}_A^M)Re(\underline{I"}_{Aa})\right] - X_{L1}\left[Im(\underline{I}_A^M)Im(\underline{I"}_{Aa}) + Re(\underline{I}_A^M)Re(\underline{I"}_{Aa})\right]} \tag{2.41}$$

2.7. Evaluación de los Algoritmos

2.7.1. Sistema de prueba

En la Figura 2.3 se muestra el sistema de potencia utilizado para analizar el desempeño de los algoritmos de localización de falla.

El sistema consta de 2 generadores de 60 Hz unidos por una línea de transmisión de 400 kV con una longitud de 200 km. La determinación del punto de falla se realiza con respecto al terminal A. Los datos del sistema se resumen en la Tabla 2.2.

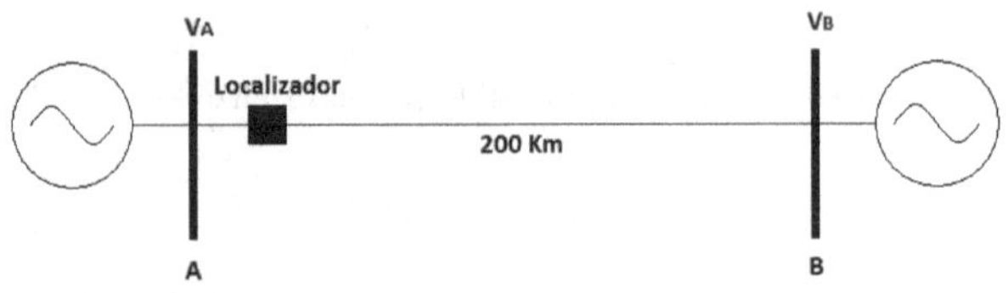

Figura 2.3: *Sistema utilizado para la evaluación de los algoritmos.*

Tabla 2.2: *Datos del sistema.*

Parámetro de línea	**Valor**
Longitud	$200Km$
R_1	0,031311Ω/km
R_0	0,31486Ω/km
L_1	0,0010443H/km
L_0	0,0032994H/km
C_1	1,1152$e^{-08}F/km$
C_0	7,3409$e^{-09}F/km$
Parámetro de Generador	**Valor**
R_1	0,8929Ω
L_1	0,01658H

2.7.2. Descripción de casos de prueba

El desempeño de los algoritmos de localización de falla descritos se realiza para dos tipos de falla. Primero se simulará una falla monofásica variando la ubicación de la falla entre un 20 % y 95 % de la longitud de la línea, con una resistencia constante de falla de 10 Ω y una diferencia angular constante entre las fuentes de 15°; en este caso la terminal remoto está definido como un bus infinito.

En segunda instancia se simulará una falla monofásica al 50 % de la línea variando la resistencia de falla desde 0 hasta 10 Ω y una diferencia angular entre las fuentes de 15°.

El sistema de prueba y la implementación de los algoritmos de localización de falla se realizaron en Simulink/Matlab.

2.7.3. Resultados

En las Tablas 2.3 y 2.4 se presenta un resumen de los resultados de localización de falla obtenidos por los algoritmos de Reactancia, Takagi, Phadke y Novosel para dos escenarios, el primero es la variación de la posición de la falla en la línea (Tabla 2.3) y el segundo es la variación de la resistencia de falla (Tabla 2.4).

Los resultados están expresados en porcentaje de error donde el error es estimado de acuerdo a:

$$\epsilon\% = \frac{X_c - X_r}{X_r} * 100 \tag{2.42}$$

donde X_c es la distancia calculada y X_r es la distancia real.

Tabla 2.3: *Resultados en % de error para una falla monofásica* R_F *=10Ω y* δ*=15°*

Distancia	**Reactancia**	**Takagi**	**Phadke**	**Novosel**
$20\,\% - 40Km$	10.00	12.50	2.50	2.50
$40\,\% - 80Km$	13.75	15.00	1.25	1.25
$60\,\% - 120Km$	15.00	16.67	0.83	0.83
$80\,\% - 160Km$	16.88	18.13	0.63	0.63
$95\,\% - 190Km$	18.42	18.95	6.11	6.11
Error promedio(%)	**14.81**	**16.25**	**2.26**	**2.26**

Tabla 2.4: *Resultados en % de error para una falla monofásica* $m = 0{,}5(100Km)$ *y* δ*=15°*

RFalla(Ω)	**Reactancia**	**Takagi**	**Phadke**	**Novosel**
0	18.00	18.00	1.00	1.00
5	16.00	17.00	1.00	1.00
10	14.00	16.00	1.00	1.00
15	13.00	15.00	1.00	1.00
20	11.00	14.00	2.00	2.00
Error promedio(%)	**14.40**	**16.00**	**1.50**	**1.50**

En ambos escenarios se observa que los algoritmos de Reactancia y Takagi son los que presentan mayor error en la determinación del punto de falla; el caso de una falla al 95 % presenta mayor error debido a que la aportación de la corriente del lado remoto es mayor; por otra parte los algoritmos de Phadke y Novosel tienen un menor error en la determinación del punto de falla esto debido a que las aproximaciones que estos hacen para encontrar el punto de falla se cumple en mayor medida en la práctica, estos consideran las redes de secuencia positiva y negativa homogéneas y la red de secuencia cero no homogénea.

2.8. Conclusiones del capítulo

Los algoritmos de localización de fallas que utilizan información de un solo terminal de la línea de transmisión fallada tienen problemas de precisión debido a la presencia de resistencia de falla y al desconocimiento de la información del extremo opuesto de la línea de transmisión. Debido a que los algoritmos de un solo terminal no tiene acceso a la medición del extremo opuesto de la línea de transmisión fallada, realizan ciertas aproximaciones para reducir el error en la localización del punto de falla.

El algoritmo de Reactancia hace la aproximación de que la resistencia de falla es cero eliminando el término que contiene el voltaje en la falla. El algoritmo de Takagi elimina el término del voltaje en la falla multiplicándolo por una magnitud tal que el resultado sea real y considera el sistema homogéneo provocando un error cuando el sistema no lo es. En el caso del algoritmo de Phadke y Novosel estos hacen las mismas aproximaciones pero en las redes de secuencia positiva y negativa.

En base a los resultados se puede apreciar que los algoritmos tienen cierto error en la determinación del punto de falla, de los algoritmos evaluados el de Takagi y Reactancia fueron los que mayor porcentaje de error mostraron.

Capítulo 3

Alternativas para estimar información del extremo opuesto de un línea de transmisión

3.1. Introducción

En el presente capítulo se revisan alternativas para estimar información del extremo opuesto de una línea de transmisión. La información que se estima es una aproximación de el voltaje y corriente del extremo opuesto de donde se encuentra ubicado el localizador de falla en la línea de transmisión.

En la ecuación de la distancia al punto de falla se toman en cuenta esta información estimada, para no hacer las conjeturas que hacen los algoritmos de un solo terminal, que es lo que provoca el error en la determinación del punto de falla, estas aproximaciones de voltaje y corriente se toman en cuenta con el fin de disminuir el error en la determinación del punto de falla en los algoritmos de un solo terminal.

3.2. Descripción del problema

Como se describió uno de los principales problemas de los algoritmos de localización de falla de un solo terminal es que se desconoce totalmente la información del extremo opuesto de la línea de transmisión por lo que se tienen que hacer ciertas conjeturas para desestimarla lo que provoca cierto error en la determinación del punto de falla.

Partiendo de la la Figura 2.1 considerando que el localizador de falla está en la terminal A.

$$\underline{V}_A = m\underline{Z}_L\underline{I}_A + R_f\underline{I}_F \tag{3.1}$$

$$\underline{I}_F = \underline{I}_A + \underline{I}_B \tag{3.2}$$

En la ecuación anterior se puede apreciar que para conocer la distancia al punto de falla (m) se necesita conocer la corriente total de falla la cual depende de la corriente de ambos extremos, en el lado donde se encuentra ubicado el localizador se tiene acceso a la corriente del lado A ($\underline{I}_A$) mientras que la corriente del extremo opuesto ($\underline{I}_B$) es totalmente desconocida. Por tal motivo en las siguientes secciones se proponen cuatro alternativas para poder hacer una estimación de la corriente del extremo opuesto del localizador ($\underline{I}_B$) con el fin de considerarla en la ecuación de la distancia al punto de falla (3.1) y con esto disminuir el error en los algoritmos de un solo terminal.

En la Figura 3.1 se indican las mediciones locales disponibles por el localizador (lado A) y las mediciones que se pretenden estimar en el lado remoto de la línea (lado B).

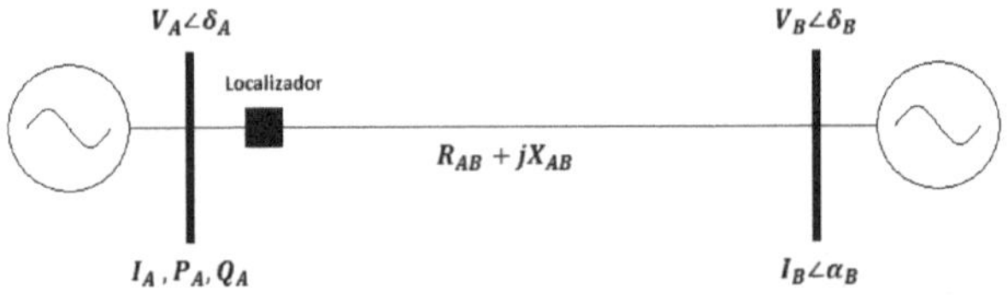

Figura 3.1: *Mediciones disponibles en el localizador y mediciones a estimar.*

Del lado en donde se encuentra ubicado el localizador de falla se tiene acceso a las mediciones de voltaje, corriente, potencia activa y reactiva (V_A, I_A, P_A, Q_A) además que se conoce la impedancia de la línea (R_{AB}, X_{AB}); por lo tanto, se necesita conocer las mediciones de voltaje y corriente (V_B, I_B) del extremo opuesto.

3.3. Alternativa 1

En este alternativa se desprecia el efecto de la potencia reactiva que se transmite por la línea. Entonces a partir de I_A y de P_A se puede estimar P_B como:

$$P_B = P_A \pm I_A^2 R_{AB} \tag{3.3}$$

donde el signo depende de la dirección de la potencia antes de ocurrir la falla.

De igual forma la magnitud de V_B se puede estimar como:

$$V_B = V_A \pm \Delta V \tag{3.4}$$

donde ΔV es la variación de voltaje debido a la caída en la línea.

Adicionalmente, a partir de la ecuación de transferencia de potencia en una línea de transmisión se puede determinar el ángulo (δ_B) de V_B, como:

$$\delta_B = -\sin^{-1}\left(\frac{X_{AB}P_A}{V_A V_B}\right) + \delta_A \tag{3.5}$$

Suponiendo una tasa de transferencia relativamente baja es decir $\cos(\theta_A) = \cos(\theta_B)$, de la ecuación de potencia de carga obtenemos la magnitud de la I_B.

$$I_B = \frac{P_B}{V_B \cos(\theta_A)} \tag{3.6}$$

Y de la diferencia angular del ángulo del factor de potencia obtenemos el ángulo (α_B) de la corriente de lado B (I_B).

$$\alpha_B = \delta_B - \theta_B \tag{3.7}$$

Mediante estas aproximaciones se obtiene el voltaje y corriente del extremo opuesto de la línea de transmisión con sus respectivos ángulos ($V_B, \delta_B, I_B, \alpha_B$).

3.4. Alternativa 2

En esta segunda alternativa se toma en cuenta el efecto de la potencia reactiva. A partir de la Figura 3.1 el $\underline{V}_B$ se puede estimar de la siguiente manera:

$$\underline{V}_B = \underline{V}_A \pm \Delta\underline{V} \tag{3.8}$$

donde $\Delta\underline{V}$ es la variación de voltaje debido a la caída en la línea y se calcula de la siguiente manera:

$$\Delta\underline{V} = \underline{I}_A \underline{Z}_{AB} \tag{3.9}$$

Mediante las ecuaciones de transferencia de potencia activa y reactiva en una línea de transmisión se puede estimar la potencia total ($\underline{S}$) del lado B.

$$P_B = \frac{V_B V_A}{X_{AB}} \sin(\delta_B - \delta_A) \tag{3.10}$$

$$Q_B = \frac{V_B V_A \cos(\delta_B - \delta_A) - V_B^2}{X_{AB}} \tag{3.11}$$

Sumando la potencia real y la potencia compleja podemos encontrar el valor de la potencia total ($\underline{S}$).

$$\underline{S}_B = P_B + jQ_B \tag{3.12}$$

Mediante la ecuación:

$$\underline{S}_B = \underline{V}_B \underline{I}_B^* \tag{3.13}$$

Despejando para la corriente del lado B ($\underline{I}_B$) se obtiene:

$$\underline{I}_B = \frac{\underline{S}_B^*}{\underline{V}_B^*} \tag{3.14}$$

Con esto se tiene una aproximación de la magnitud y el ángulo de la corriente del extremo opuesto $\underline{I}_B$.

3.5. Alternativa 3

En esta alternativa se utiliza el método iterativo Newton Raphson [17] para determinar el voltaje en el lado B de una línea de transmisión (Figura 3.1) y calcular la corriente $\underline{I}_B$.

En las ecuaciones de transferencia de potencia activa y reactiva (3.10 y 3.11 respectivamente), se requiere conocer la magnitud y ángulo del voltaje ($V_B^{(k)}, \delta_B^{(k)}$ donde k es el número de iteración del método).

Para el estimado inicial es decir $V_B^{(0)}$ y $\delta_B^{(0)}$ se utiliza el voltaje calculado por (3.8), donde $\Delta\underline{V}$ se calcula de acuerdo a (3.9).

Ya con los valores iniciales calculados se inicia el proceso iterativo:

$$P_A^{(k)} = \frac{V_B^{(k)} V_A}{X_{AB}} \sin(\delta_B^{(k)} - \delta_A) \tag{3.15}$$

$$Q_A^{(k)} = \frac{V_B^{(k)2} - V_B^{(k)} V_A \cos(\delta_B^{(k)} - \delta_A)}{X_{AB}} \tag{3.16}$$

$$\Delta P = P_A - P_A^{(k)} \tag{3.17}$$

$$\Delta Q = Q_A - Q_A^{(k)} \tag{3.18}$$

en donde P_A, Q_A son las potencias medidas por el localizador y $P_A^{(k)}$, $Q_A^{(k)}$ son las potencias estimadas en la iteración de acuerdo a (3.15) y (3.16).

Definiendo la $\delta_B^{(k)}$ como la variable 1 y la $V_B^{(k)}$ como la variable 2, la matriz Jacobiana queda:

$$J = \begin{bmatrix} \frac{\partial P_A^{(k)}}{\partial \delta_B} & \frac{\partial P_A^{(k)}}{\partial V_B} \\ \frac{\partial Q_A^{(k)}}{\partial \delta_B} & \frac{\partial Q_A^{(k)}}{\partial V_B} \end{bmatrix} = \begin{bmatrix} \frac{V_B^{(k)} V_A}{X_{AB}} \cos(\delta_B^{(k)} - \delta_A) & \frac{V_A}{X_{AB}} \sin(\delta_B^{(k)} - \delta_A) \\ \frac{V_B^{(k)} V_A}{X_{AB}} \sin(\delta_B^{(k)} - \delta_A) & -\frac{V_A}{X_{AB}} \sin(\delta_B^{(k)} - \delta_A) \end{bmatrix} \tag{3.19}$$

$$\begin{bmatrix} \Delta P \\ \Delta Q \end{bmatrix} = \begin{bmatrix} J1 & J2 \\ J3 & J4 \end{bmatrix} \begin{bmatrix} \Delta \delta_B \\ \Delta V_B \end{bmatrix} \tag{3.20}$$

$$\begin{bmatrix} \Delta \delta_B \\ \Delta V_B \end{bmatrix} = \begin{bmatrix} J1 & J2 \\ J3 & J4 \end{bmatrix}^{-1} \begin{bmatrix} \Delta P \\ \Delta Q \end{bmatrix} \tag{3.21}$$

Los nuevos valores estimados están dados por:

$$\delta_B^{(k+1)} = \delta_B^{(k)} + \Delta \delta_B \tag{3.22}$$

$$V_B^{(k+1)} = V_B^{(k)} + \Delta V_B \tag{3.23}$$

Una vez que se llegue a la convergencia es decir cuando

$$V_B^{(k+1)} - V_B^{(k)} <= 0{,}001 \tag{3.24}$$

Con los valores de V_B y δ_B , se procede a calcular la potencia activa y reactiva del lado B (P_B, Q_B) de acuerdo a (3.10) y (3.11) respectivamente.

Una vez calculadas las potencias del lado B, se calcula la potencia aparente de acuerdo a (3.12) y mediante (3.14) se calcula la magnitud y el ángulo de la corriente del lado B.

3.6. Alternativa 4

En este caso se estima el voltaje en el punto de falla ya que este dato debe ser el mismo medido desde ambos extremos de la línea de transmisión; en la Figura 3.2 la potencia que fluye hacia el punto de falla esta dada por:

$$P_A = \frac{V_F V_A}{X_{AF}} \sin(\delta_F - \delta_A) \tag{3.25}$$

$$Q_A = \frac{V_F^2 - V_F V_A \cos(\delta_F - \delta_A)}{X_{AF}} \tag{3.26}$$

En las ecuaciones anteriores se desconoce V_F, δ_F y X_{AF} por lo que se va a utilizar un método iterativo para encontrar las variables, en este caso se utilizara el método Newton Raphson para encontrarlas.

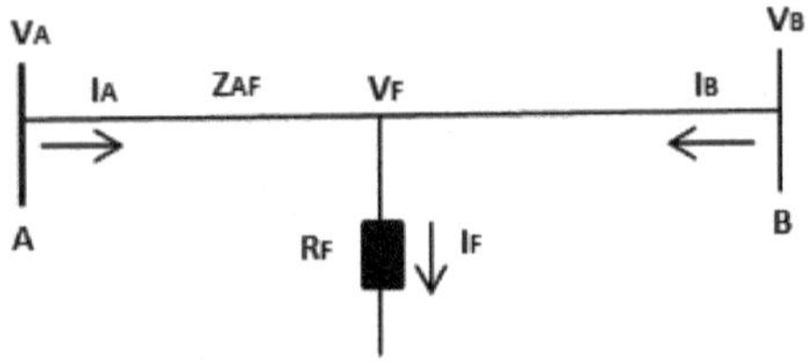

Figura 3.2: *Voltaje en el punto de falla.*

Para los valores iniciales $V_F^{(0)}$ y $\delta_F^{(0)}$ se utilizan las siguientes expresiones:

$$\underline{Z}_{AF} = \frac{\underline{V}_A}{\underline{I}_A^{"}} \tag{3.27}$$

este valor es la impedancia aparente medida desde el punto donde se encuentra ubicado el localizador hasta el punto de falla. En la ecuación (3.25) y (3.26) se necesita conocer la reactancia de la línea por lo que se toma la parte imaginaria de (3.27).

$$X_{AF} = Im\{\underline{Z}_{AF}\} \tag{3.28}$$

con el valor de $\underline{Z}_{AF}$ se procede a calcular el voltaje inicial en el punto de falla.

$$\underline{V}_F^{(0)} = \underline{V}_A - \underline{I}_A \underline{Z}_{AF} \tag{3.29}$$

Ya calculados los valores iniciales se comienza el proceso iterativo.

$$P_A^{(k)} = \frac{V_F^{(k)} V_A}{X_{AF}} \sin(\delta_F^{(k)} - \delta_A) \tag{3.30}$$

$$Q_A^{(k)} = \frac{V_F^{(k)2} - V_F^{(k)} V_A \cos(\delta_F^{(k)} - \delta_A)}{X_{AF}} \tag{3.31}$$

$$\Delta P = P_A - P_A^{(k)} \tag{3.32}$$

$$\Delta Q = Q_A - Q_A^{(k)} \tag{3.33}$$

en donde P_A, Q_A son las potencias medidas por el localizador y $P_A^{(k)}$, $Q_A^{(k)}$ son las potencias estimadas en la iteración de acuerdo a (3.30) y (3.31).

Definiendo la $\delta_F^{(k)}$ como la variable 1 y la $V_F^{(k)}$ como la variable 2, la matriz Jacobiana queda:

$$J = \begin{bmatrix} \frac{\partial P_A^{(k)}}{\partial \delta_F} & \frac{\partial P_A^{(k)}}{\partial V_F} \\ \frac{\partial Q_A^{(k)}}{\partial \delta_F} & \frac{\partial Q_A^{(k)}}{\partial V_F} \end{bmatrix} = \begin{bmatrix} \frac{V_F^{(k)} V_A}{X_{AF}} \cos(\delta_F^{(k)} - \delta_A) & \frac{V_A}{X_{AF}} \sin(\delta_F^{(k)} - \delta_A) \\ \frac{V_F^{(k)} V_A}{X_{AF}} \sin(\delta_F^{(k)} - \delta_A) & -\frac{V_A}{X_{AF}} \sin(\delta_F^{(k)} - \delta_A) \end{bmatrix} \tag{3.34}$$

$$\begin{bmatrix} \Delta P \\ \Delta Q \end{bmatrix} = \begin{bmatrix} J1 & J2 \\ J3 & J4 \end{bmatrix} \begin{bmatrix} \Delta \delta_F \\ \Delta V_F \end{bmatrix} \tag{3.35}$$

$$\begin{bmatrix} \Delta \delta_F \\ \Delta V_F \end{bmatrix} = \begin{bmatrix} J1 & J2 \\ J3 & J4 \end{bmatrix}^{-1} \begin{bmatrix} \Delta P \\ \Delta Q \end{bmatrix} \tag{3.36}$$

Los nuevos valores estimados están dados por:

$$\delta_F^{(k+1)} = \delta_F^{(k)} + \Delta \delta_F \tag{3.37}$$

$$V_F^{(k+1)} = V_F^{(k)} + \Delta V_F \tag{3.38}$$

Una vez encontrados los valores estimados $\delta_F^{(k+1)}$ y $V_F^{(k+1)}$ se procederá a calcular el nuevo valor de X_{AF} como:

$$X_{AF} = Im \left\{ \frac{\underline{V}_A - \underline{V}_F^{(k+1)}}{\underline{I}_A^{"}} \right\} \tag{3.39}$$

Al igual que (3.37) y (3.38), (3.39) se actualiza en (3.30) y (3.31) para seguir con el proceso iterativo. Una vez que se llegue a la convergencia es decir cuando

$$V_F^{(k+1)} - V_F^{(k)} <= 0{,}001 \tag{3.40}$$

este valor se utiliza para encontrar la distancia al punto de falla; esto se puede hacer de dos formas, una es tomando el valor completo para encontrar X_{AF} y después dividirlo entre la $\underline{Z}_{AB}$ y la segunda es utilizando solo la parte imaginaria para sustituirlo en (2.15) como el ángulo de la exponencial compleja.

3.7. Evaluación de las alternativas

En esta sección se realiza una evaluación de las 4 alternativas vistas anteriormente, en el cual se compara lo que se estima en cada alternativa con la medición obtenida en simulación. Para esto se utiliza el sistema de prueba mostrado en la Sección 2.7.1 en el cual se simula una falla al 50 % de la longitud de la línea con una resistencia de falla de 10 Ω. En el caso de las alternativas 1, 2 y 3 se realizan las mediciones en la terminal **A** para poder estimar el voltaje y la corriente de la terminal **B**; para la alternativa 4 se estima el voltaje en la falla. Los valores estan expresados en P.U con una potencia base de 100 MVA.

Tabla 3.1: *Valores estimados comparados con la medición obtenida en simulación*

Alternativa	VB	VB Estimado	Diferencia	IB	IB Estimada	Diferencia
Alternativa 1	0.9928+j 0.1479	0.9480+j 0.1847	0.4450+j 0.0368	1.5956+j 0.7566	1.6038+j 0.5024	0.0082-j 0.2542
Alternativa 2	0.9928+j 0.1479	0.9480+j 0.1847	0.4450+j 0.0368	1.5956+j 0.7566	1.6961+j 0.1995	0.1005-j 0.5571
Alternativa 3	0.9928+j 0.1479	1.0051+j 0.2376	0.0123+j 0.0897	1.5956+j 0.7566	1.5841+j 0.5596	0.0115-j 0.1976
	Vf		**Vf Estimado**		**Diferencia**	
Alternativa 4	0.0708+j 0.2140		0.0951+j 0.2125		0.0243−j 0.0015	

En la Tabla 3.1 se muestran los valores estimados por cada alternativa propuesta y se compara con la medición obtenida en simulación; la diferencia se expresa de la siguiente manera:

$$\Delta = ValorEstimado - ValorMedido \tag{3.41}$$

Se puede observar que los valores estimados muestran una buena aproximación a los valores reales. Estas alternativas serán incluidas en las ecuaciones básicas de los algoritmos de localización de fallas de un solo terminal.

3.8. Conclusiones

El problema de los localizadores de falla de un solo terminal es que la información de la corriente del extremo opuesto o la corriente total de falla no está disponible.

Se proponen 4 alternativas para estimar la corriente y el voltaje del extremo opuesto de la línea de transmisión. A fin de resolver el problema de estimar las magnitudes de voltaje y corriente del extremo opuesto de la línea de transmisión, se asume una tasa de transferencia de potencia baja o se utiliza un método iterativo para estimar las aproximaciones.

Capítulo 4

Modificación de los Algoritmos de Reactancia y Takagi

4.1. Introducción

En este capítulo se realizan las modificaciones de los algoritmos de localización de falla de Reactancia y Takagi. En primera instancia se realiza la modificación del algoritmo de Reactancia en el cual se hace énfasis en no despreciar el término que contiene la corriente de falla ya que esta depende de las corrientes de ambos extremos de la línea de transmisión, con las alternativas vistas en el capítulo anterior se cuenta con una aproximación de la corriente del extremo opuesto de donde se encuentra el localizador, con lo cual se puede tomar en cuenta en la ecuación de la distancia al punto de falla.

En el caso del algoritmo de Takagi se realiza el desarrollo de la ecuación para llegar a la distancia al punto de falla, con excepción de que en la parte en la que Takagi considera el sistema homogéneo para eliminar un término que facilita la solución de la ecuación, el término no se elimina ya que se tiene una aproximación de la corriente del extremo opuesto para la solución de la ecuación de la distancia al punto de falla.

4.2. Algoritmo de Reactancia modificado

El algoritmo de Reactancia trata de determinar la componente imaginaria de la impedancia medida en condiciones de cortocircuito, para hacer una comparación con la impedancia de la línea y de esta manera determinar la posición de la falla.

En la Figura 2.1 se puede apreciar que al ocurrir una falla en una linea de transmisión, las corrientes a ambos extremos fluyen hacia el punto de la falla, por lo que en la ecuación de la distancia al punto de falla m, se necesita conocer ambas corrientes para resolverla, cuando la resistencia de falla es cero la estimación del punto de falla no se ve afectado por la magnitud de la corriente del extremo opuesto, pero cuando la resistencia de falla es diferente de cero, esta corriente se tiene que tomar en cuenta para determinar el punto donde ocurrió la falla de forma precisa.

Este algoritmo es preciso cuando no hay fuentes en el otro extremo de la línea o los ángulos de los voltajes son iguales en ambos lados, sin embargo estos escenarios son pocos factibles que ocurran en la práctica y tiene como consecuencia que este algoritmo pierda precisión en la ubicación del punto de falla.

Partiendo de la ecuación 2.1 resolviendo para m se obtiene:

$$m = \frac{\underline{V}_A}{\underline{I}_A \underline{Z}_L} - \frac{\underline{I}_F R_F}{\underline{I}_A \underline{Z}_L} \tag{4.1}$$

definiendo el factor de distribución de corriente $\underline{K}_A$ como:

$$\underline{K}_A = \frac{\underline{I}_F}{\underline{I}_A} \tag{4.2}$$

donde:

$$\underline{I}_F = \underline{I}_A + \underline{I}_B \tag{4.3}$$

sustituyendo 4.2 en 4.1 se obtiene:

$$m = \frac{\underline{V}_A}{\underline{I}_A \underline{Z}_L} - \frac{\underline{K}_A R_F}{\underline{Z}_L} \tag{4.4}$$

Descomponiendo 4.4 en sus partes real e imaginaria y resolviendo se obtiene la ecuación de la distancia al punto de falla (**Reactancia modificado**).

$$m = \frac{1}{X_L} Im \left\{ \frac{\underline{V}_A}{\underline{I}_A} \right\} - \frac{1}{X_L} Im \left\{ \underline{K}_A \right\} \tag{4.5}$$

La ecuación original del algoritmo de **Reactancia** es:

$$m = \frac{1}{X_L} Im \left\{ \frac{\underline{V}_A}{\underline{I}_A} \right\} \tag{4.6}$$

En comparación con (4.6) además de la mediciones locales de voltaje y corriente ($\underline{V}_A$,$\underline{I}_A$), en (4.5) se necesita conocer el valor de $\underline{K}_A$, que depende de la corriente de falla ($\underline{I}_F$) de acuerdo a (4.3), de donde se desconoce la corriente del extremo opuesto $\underline{I}_B$.

En las primeras tres alternativas vistas en el cápitulo anterior se trata de estimar la corriente del extremo opuesto de donde se encuentra el localizador (I_B), ya con esto se procede a calcular la corriente de falla (I_F) de acuerdo a (4.3) y después el valor del factor de distribución de corriente ($\underline{K}_A$) de acuerdo a (4.2); una vez calculado se procede a sustituir en la ecuación (4.5) para encontrar la distancia al punto de falla (m).

En el caso de la alternativa 4 en donde se estima el voltaje en la falla ($\underline{V}_F$),una vez que se llega a la convergencia se procede a calcular X_{AF} de acuerdo a (3.36) posteriormente se procede a calcular m de acuerdo a:

$$m = \frac{X_{AF}}{Im\{Z_L\}} \tag{4.7}$$

4.3. Algoritmo de Takagi modificado

El algoritmo de Takagi es una versión mejorada del algoritmo de Reactancia ya que disminuye el efecto de la resistencia de falla, Takagi multiplica el término de voltaje en la falla por una magnitud tal que el resultado sea real (2.11). Considera dos escenarios, un escenario de falla y uno de prefalla donde define la corriente total de falla ($\underline{I}_A$) como la suma de ambas (2.8), este algoritmo requiere de la medición de la corriente de prefalla ($\underline{I'}_A$) por lo que tiene que ser almacenada en memoria; al sustraer la corriente de prefalla de la corriente total de falla ($\underline{I}_A$) se desprecia la magnitud de la corriente de carga, que puede introducir cierto error en la determinación del punto de falla.

Takagi define un factor de distribución de corriente (2.9) en cual involucra la corriente de falla, donde esta corriente depende de las corrientes de ambos extremos de la línea ($\underline{I}_A, \underline{I}_B$), este factor también lo expresa en una magnitud escalar con una exponencial compleja, donde el ángulo de la exponencial compleja depende de el ángulo de las corrientes de ambos extremos de la línea, al sustituir esta factor de distribución de corriente en (2.14) resulta (2.15); Takagi hace la consideración de que el sistema es homogéneo, es decir que las corriente de ambos extremos de la línea están en fase, al hacer esta consideración el ángulo de la exponencial compleja se hace cero lo que resulta en (2.16) esta consideración introduce cierto error cuando el sistema no es homogéneo, que en la práctica es poco probable que suceda.

Con las tres primeras alternativas vistas en el capítulo anterior se puede hacer una aproximación de la corriente del extremo opuesto de donde se encuentra ubicado el localizador de falla por lo que se puede calcular el factor de distribución de corriente (2.9) tomar el ángulo de este y sustituirlo en (2.15) para encontrar la distancia al punto de falla; de esta manera no se hace la aproximación de que el sistema es homogéneo, por lo que puede disminuir el error en la determinación del punto de falla. Con estas consideraciones, en lugar de utilizar la ecuación original de Takagi:

$$m = \frac{Im\{\underline{V}_A \underline{I}"^*_A\}}{Im\{\underline{Z}_L \underline{I}_A \underline{I}"^*_A\}} \tag{4.8}$$

se utiliza la expresión modificada:

$$m = \frac{Im\{\underline{V}_A \underline{I}"^*_A e^{-j\alpha}\}}{Im\{\underline{Z}_L \underline{I}_A \underline{I}"^*_A e^{-j\alpha}\}} \tag{4.9}$$

en donde α es el ángulo del factor de distribución de corriente (2.9) en el cual la corriente de falla $\underline{I}_F$ depende de las corrientes de ambos extremos $(\underline{I}_A, \underline{I}_B)$. La corriente del extremo local $\underline{I}_A$ es la corriente medida por el localizador mientras que $\underline{I}_B$ es la corriente estimada del extremo remoto.

En el caso de la alternativa 4 en donde se estima el voltaje en la falla $(\underline{V}_F)$; una vez que se llega a la convergencia se toma el ángulo del voltaje en la falla (δ_F) y se sustituye en (4.9) como el ángulo de la exponencial compleja conjugada para así en encontrar la distancia al punto de falla.

4.4. Conclusiones

Se proponen modificaciones en las ecuaciones de los algoritmos de Reactancia y Takagi para determinar el punto donde ocurrió la falla en base a la estimación del voltaje y corriente del extremo opuesto de la línea.

En el algoritmo de Reactancia, se elimina la consideración de que las corrientes de falla en ambos extremos extremos de la línea están en fase. En el caso del algoritmo de Takagi, se elimina la consideración de que el sistema es homogéneo.

Capítulo 5

Pruebas y Resultados

5.1. Introducción

En este capítulo se verifica el desempeño de los algoritmos modificados de Reactancia y Takagi en el cual se evalúa las alternativas vistas anteriormente para estimar información del extremo opuesto de donde se encuentra ubicado el localizador de falla en la línea de transmisión.

Se utilizan varios sistemas de prueba, el primero es un sistema de potencia con dos fuentes con un línea de transmisión de 200 km de longitud, el segundo es un sistema de potencia con dos fuentes con dos líneas de transmisión paralelas de 280 Km y el tercero es un sistema critico en el cual la línea de transmisión de 280 Km se encuentra compensada. Se simulan fallas monofásicas en la línea de transmisión debido a que estas son las más comunes en casos reales y se utilizan diferentes escenarios en los que ocurre la falla, tal como, diferentes ángulos de voltaje entre las fuentes, diferentes resistencias de falla así como también diferentes potencias de transferencia en la línea.

5.2. Sistemas de prueba

5.2.1. Sistema de prueba 1

En la Figura 5.1 se muestra el primer sistema de potencia utilizado para analizar el desempeño de los algoritmos de localización de falla modificados.

El sistema consta de 2 fuentes de 60 Hz unidos por una línea de transmisión de 400 kV con una longitud de 200 km. La determinación del punto de falla se realiza con respecto al terminal A. Los datos del sistema se resumen en la Tabla 5.1.

Figura 5.1: *Sistema de prueba 1 utilizado para la evaluación de los algoritmos modificados.*

Tabla 5.1: *Datos del sistema de prueba 1*

Parámetro de línea	**Valor**
Longitud	$200Km$
R_1	$0{,}031311\Omega/km$
R_0	$0{,}31486\Omega/km$
L_1	$0{,}0010443H/km$
L_0	$0{,}0032994H/km$
C_1	$1{,}1152e^{-08}F/km$
C_0	$7{,}3409e^{-09}F/km$
Parámetro de Generador	**Valor**
R_1	$0{,}8929\Omega$
L_1	$0{,}01658H$

5.2.2. Sistema de prueba 2

El segundo sistema de prueba que se utilizó para analizar el desempeño de los algoritmos de localización de falla modificados se muestra en la Figura 5.2.

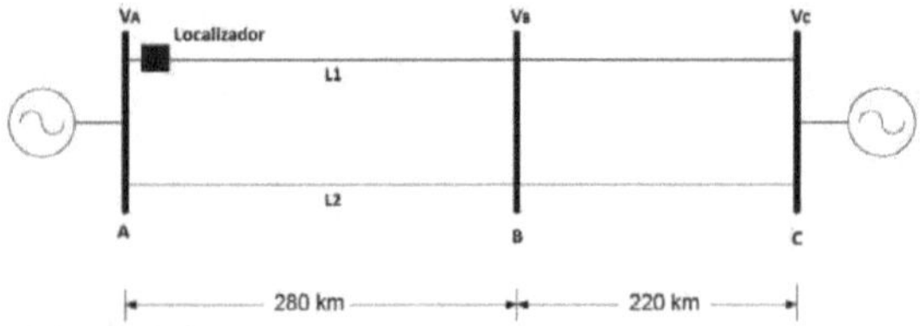

Figura 5.2: *Sistema de prueba 2 utilizado para la evaluación de los algoritmos modificados.*

El sistema consta de 2 fuentes de 60 Hz unidos por dos líneas de transmisión paralelas de 500 kV seccionadas por el Bus B con una longitud de 280 km antes de éste y con una longitud de

220 km después de éste. La determinación del punto de falla se realiza con respecto al terminal A en la línea 1. Los datos del sistema se resumen en la Tabla 5.2.

Tabla 5.2: *Datos del sistema de prueba 2*

Parámetro de línea	**Valor**
Longitud	$280Km$
R_1	$0{,}0205\Omega/km$
R_0	$0{,}06162\Omega/km$
L_1	$0{,}00092840H/km$
L_0	$0{,}0027852H/km$
C_1	$1{,}1152e^{-08}F/km$
C_0	$7{,}3409e^{-09}F/km$
Parámetro de Generador	**Valor**
R_1	$0{,}8929\Omega$
L_1	$0{,}01658H$

5.2.3. Sistema de prueba 3

En la Figura 5.3 se muestra el tercer sistema de potencia utilizado para analizar el desempeño de los algoritmos de localización de falla modificados, se trata de un sistema con compensación serie, este es un sistema crítico para los algoritmos de localización de falla de un solo terminal debido a la presencia del capacitor serie y elementos que no tienen un comportamiento lineal [18].

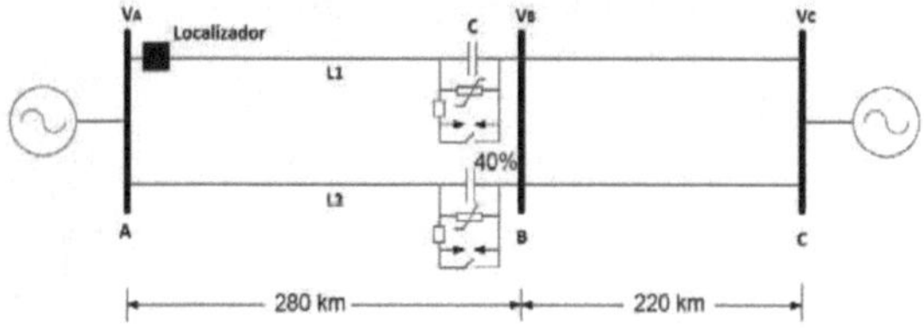

Figura 5.3: *Sistema de prueba 3 utilizado para la evaluación de los algoritmos modificados.*

El sistema consta de 2 fuentes de 60 Hz unidos por dos líneas de transmisión paralelas de 500 kV seccionadas por el Bus B con una longitud de 280 km antes de éste y con una longitud de 220 km después de éste. En este caso la línea 1 y la línea 2 se encuentran compensadas en el

40 % de su reactancia. La determinación del punto de falla se realiza con respecto al terminal A en la línea 1. Los datos del sistema son los presentados en la Tabla 5.2.

En este caso la reactancia vista por el relevador se modifica debido a la presencia del capacitor por tal motivo la reactancia de la línea está dada por:

$$X_{LC} = X_L - X_C \tag{5.1}$$

donde X_{LC} es la reactancia de la línea compensada, X_L es la reactancia de la línea antes de la compensación y X_C es la reactancia del capacitor que esta dada por:

$$X_C = \frac{1}{2\pi fc} \tag{5.2}$$

donde f es la frecuencia de trabajo, en este caso son 60 Hz y c es la capacitancia, los datos de la compensación se muestran en la Tabla 5.3.

En el caso de la falla monofásica la corriente de la fase fallada se ve afectada por la corriente de secuencia cero [18] por lo que se tiene que considerar, por lo tanto la corriente de la fase fallada vista por el relevador esta dada por:

$$I_{compensada} = I + I_0 K_c \tag{5.3}$$

$$K_c = K_{mag} \angle K_{rad} \tag{5.4}$$

$$K_{mag} = \sqrt{\frac{(R_0 - R_1)^2 + (L_0 - L_1)^2}{R_1^2 + L_1^2}} \tag{5.5}$$

$$K_{rad} = \arctan\left(\frac{L_0 - L_1}{R_0 - R_1}\right) - arctan\left(\frac{L_1}{R_1}\right) \tag{5.6}$$

Tabla 5.3: *Datos de la compensación*

Voltaje de referencia del MOV	$75KV$
Capacitor serie	$67{,}66\mu F/fase$

5.3. Descripción de los casos de prueba

El desempeño de los algoritmos de localización de falla descritos se realiza para dos casos de falla. En el primer caso se simula una falla monofásica variando la ubicación de la falla entre un 20 % y 95 % de la longitud de la línea, con una resistencia constante de falla de 10 Ω y una diferencia angular constante entre las fuentes; en este caso la terminal remota está definido como un bus infinito. En el segundo caso se simulará una falla monofásica al 50 % de la línea pero en este caso variando la resistencia de falla desde 0 hasta 20 Ω y una diferencia angular constante entre las fuentes.

Los casos de falla descritos se analizan en distintos escenarios para los tres sistemas de prueba (ver Tabla 5.4). En el sistema de prueba 1 se realizan tres escenarios, en el primer escenario se simulan las fallas con un ángulo de desfasamiento entre las fuentes de 15°, en el segundo escenario se utiliza un ángulo de desfasamiento de 30°, con una capacidad de cortocircuito de las fuentes de 500 MVA en ambos escenarios y en el escenario 3 se simulan las fallas con diferentes capacidades de cortocircuito de las fuentes (1000 MVA y 500 MVA) con un desfasamiento de 15°; para los sistemas de prueba 2 y 3 solo se realizaron las pruebas para el primer escenario. El sistema de prueba y la implementación de los algoritmos de localización de falla se realizaron en Simulink/Matlab.

Tabla 5.4: *Sistemas y escenarios de prueba*

Sistema de prueba	**Características**
1	2 fuentes, 1 línea de 200 km, 400 kV
2	2 fuentes, 2 líneas paralelas de 280 km, 2 lineas paralelas de 220 km, 500 kV
3	2 fuentes, 2 líneas paralelas de 280 km, 2 lineas paralelas de 220 km, 500 kV, Compensacion del 40 %
Escenario	**Características**
1	δ=15°, 500 MVA
2	δ=30°, 500 MVA
3	δ=15°, 500, 100 MVA

5.4. Resultados

A continuación se presenta un resumen de los resultados de localización de falla obtenidos por los algoritmos modificados de Reactancia y Takagi respectivamente para los sistemas, casos y escenarios de prueba mencionados anteriormente. Los resultados están expresados en porcentaje de error donde este es estimado de acuerdo a (2.42), posteriormente al final se hace un promedio del error de cada algoritmo para evaluar el desempeño durante toda la prueba.

5.4.1. Algoritmo de Reactancia Modificado

5.4.1.1. Sistema de prueba 1, escenario 1

En las Tablas 5.5 y 5.6 se presenta los resultados de localización de falla obtenidos por los algoritmos de Reactancia y Reactancia modificado en el sistema de prueba 1 para los dos casos de falla, en el primer escenario donde las fuentes tiene un desfasamiento angular de 15°

Tabla 5.5: *Resultados en % de error para una falla monofásica R_F =10 Ω y δ=15° del algoritmo de Reactancia modificado*

Distancia	***Errores*** %				
	Reactancia	**RM.A1**	**RM. A2**	**RM.A3**	**RM.A4**
20 % − 40Km	10.00	7.50	5.00	10.00	30.00
40 % − 80Km	13.75	13.75	11.25	13.75	5.00
60 % − 120Km	15.00	15.00	14.17	15.00	3.33
80 % − 160Km	16.88	16.88	15.63	16.88	7.50
95 % − 190Km	18.42	17.89	17.37	18.42	10.53
Error promedio(%)	**14.81**	**14.20**	**12.68**	**14.81**	**11.27**

Tabla 5.6: *Resultados en % de error para una falla monofásica m=0.5 (100 Km) y δ=15° del algoritmo de Reactancia modificado*

RFalla(Ω)	***Errores*** %				
	Reactancia	**RM.A1**	**RM. A2**	**RM.A3**	**RM.A4**
0	18.00	18.00	17.00	18.00	13.00
5	16.00	16.00	15.00	16.00	8.00
10	14.00	14.00	13.00	14.00	0.00
15	13.00	12.00	11.00	13.00	9.00
20	11.00	11.00	9.00	11.00	20.00
Error promedio(%)	**14.40**	**14.20**	**13.00**	**14.40**	**10.00**

En las tablas anteriores se observa que en ambos casos el error promedio en la determinación del punto de falla disminuyó con respecto al error del algoritmo de Reactancia, siendo en mayor medida la *alternativa 4* **(RM.A4)**, disminuyendo en un 3.54 % el error promedio para el primer caso (Tabla 5.5) y en un 4.40 % para el segundo caso (Tabla 5.6).

5.4.1.2. Sistema de prueba 1, escenario 2

En las Tablas 5.7 y 5.8 se presenta un resumen de los resultados de localización de falla obtenidos por los algoritmos de Reactancia y la modificación del algoritmo de Reactancia para el sistema de prueba 1, en el segundo escenario donde las fuentes tiene un desfasamiento angular de 30°.

Tabla 5.7: *Resultados en % de error para una falla monofásica R_F =10 Ω y δ=30° del algoritmo de Reactancia modificado*

Distancia	*Errores* %				
	Reactancia	RM.A1	RM. A2	RM.A3	RM.A4
$20\,\% - 40Km$	12.50	2.50	2.50	2.50	7.50
$40\,\% - 80Km$	15.00	10.00	10.00	10.00	6.25
$60\,\% - 120Km$	15.83	12.50	13.33	13.33	5.83
$80\,\% - 160Km$	16.25	14.38	14.38	15.00	5.00
$95\,\% - 190Km$	17.37	15.79	16.32	16.32	2.63
Error promedio(%)	**15.39**	**11.03**	**11.30**	**11.43**	**5.44**

Tabla 5.8: *Resultados en % de error para una falla monofásica m=0.5 (100 Km) y δ=30° del algoritmo de Reactancia modificado*

RFalla(Ω)	*Errores* %				
	Reactancia	RM.A1	RM. A2	RM.A3	RM.A4
0	17.08	19.00	19.00	19.00	8.00
5	16.00	15.00	15.00	16.00	7.00
10	13.00	12.00	11.00	12.00	2.00
15	9.00	8.00	8.00	9.00	6.00
20	6.00	5.00	4.00	6.00	16.00
Error promedio(%)	**12.20**	**11.80**	**11.40**	**12.40**	**7.80**

De igual manera se puede apreciar en las tablas anteriores que el error promedio en la determinación del punto de falla disminuyó con respecto al algoritmo de Reactancia, siendo en mayor medida la alternaniva 4, disminuyendo en un 9.95 % el error promedio para el primer caso (Tabla 5.7) y en un 4.40 % para el segundo caso (Tabla 5.8).

5.4.1.3. Sistema de prueba 1, escenario 3

En las Tablas 5.9 y 5.10 se presenta los resultados de localización de falla obtenidos por los algoritmos de Reactancia y la modificación del algoritmo de Reactancia para el sistema de prueba 1, en el tercer escenario donde las fuentes tiene un desfasamiento angular de 15° pero con diferentes capacidades de cortocircuito de las fuentes (1000 MVA y 500 MVA).

Tabla 5.9: *Resultados en % de error para una falla monofásica R_F =10 Ω, δ=15° y diferentes capacidades de corto circuito de las fuentes del algoritmo de Reactancia modificado*

Distancia	***Errores%***				
	Reactancia	RM.A1	RM. A2	RM.A3	RM.A4
$20\% - 40Km$	15.00	12.50	12.50	12.50	2.50
$40\% - 80Km$	17.50	15.00	15.00	16.25	2.50
$60\% - 120Km$	17.50	16.67	16.67	17.50	2.50
$80\% - 160Km$	18.75	18.13	17.50	18.13	3.75
$95\% - 190Km$	18.95	18.42	18.42	18.95	4.21
Error promedio(%)	**17.54**	**16.14**	**16.02**	**16.66**	**3.09**

Tabla 5.10: *Resultados en % de error para una falla monofásica m=0.5 (100 Km), δ=15° y diferentes capacidades de corto circuito de las fuentes del algoritmo de Reactancia modificado*

RFalla(Ω)	***Errores%***				
	Reactancia	RM.A1	RM. A2	RM.A3	RM.A4
0	19.00	19.00	19.00	19.00	4.00
5	18.00	18.00	18.00	18.00	1.00
10	17.00	16.00	16.00	17.00	2.00
15	17.00	15.00	15.00	15.00	6.00
20	16.00	14.00	13.00	14.00	10.00
Error promedio(%)	**17.40**	**16.40**	**16.20**	**16.60**	**4.60**

Se puede apreciar en las tablas anteriores que también en este escenario el error promedio en la determinación del punto de falla disminuyó con respecto al algoritmo de Reactancia, siendo en mayor medida la alternaniva 4, disminuyendo en un 14.45 % el error promedio para el primer caso (Tabla 5.9) y en un 12.80 % para el segundo caso (Tabla 5.10).

5.4.1.4. Sistema de prueba 2, escenario 1

En las Tablas 5.11 y 5.12 se presentan los resultados de localización de falla para el sistema de prueba 2 descrito anteriormente, para los dos casos de falla, en este sistema de prueba solo se realizaron las pruebas para el primer escenario donde las fuentes tienen un desfasamiento angular de 15°, la longitud de la línea en este sistema de prueba es de 280 km y la capacidad de corto circuito de las fuentes es de 1450MVA.

Tabla 5.11: *Resultados en % de error para una falla monofásica R_F =10 Ω y δ=15° del algoritmo de Reactancia modificado*

Distancia	*Errores* %				
	Reactancia	RM.A1	RM. A2	RM.A3	RM.A4
$20\% - 56Km$	10.71	10.71	8.93	10.71	5.36
$40\% - 112Km$	9.82	9.82	8.93	9.82	5.36
$60\% - 168Km$	8.33	8.33	7.74	8.93	3.57
$80\% - 224Km$	6.70	6.70	6.70	7.59	0.00
$95\% - 266Km$	5.64	5.64	3.01	6.77	3.01
Error promedio(%)	**8.24**	**8.24**	**7.06**	**8.76**	**3.46**

Tabla 5.12: *Resultados en % de error para una falla monofásica m=0.5 (140 Km) y δ=15° del algoritmo de Reactancia modificado*

RFalla(Ω)	*Errores* %				
	Reactancia	RM.A1	RM. A2	RM.A3	RM.A4
0	10.00	9.29	9.29	10.71	2.86
5	9.29	9.29	8.57	10.00	0.71
10	9.29	8.57	8.57	9.29	5.00
15	8.57	8.57	8.57	9.29	11.43
20	8.57	8.57	8.57	9.29	19.29
Error promedio(%)	**9.14**	**8.86**	**8.71**	**9.71**	**7.86**

Se puede apreciar en la tablas anteriores que el error promedio en la determinación del punto de falla disminuyó con respecto al algoritmo de Reactancia, con excepción de la alternativa 3 (RM.A3) que tuvo un mayor porcentaje de error en este sistema y en este escenario, la alternativa que en mayor medida disminuyó el error promedio fue la alternativa 4 con una disminución de 4.78 % para el primer caso (Tabla 5.11) y en un 1.28 % para el segundo caso (Tabla 5.12).

5.4.1.5. Sistema de prueba 3, escenario 1

En las Tablas 5.13 y 5.14 se presentan los resultados de localización de falla para el sistema de prueba 3 descrito anteriormente, para los dos casos de falla, en este sistema de prueba solo se realizaron las pruebas para el primer escenario donde las fuentes tienen un desfasamiento angular de 15°, en este caso la línea en la cual se simula la falla tiene una compensación serie.

Tabla 5.13: *Resultados en % de error para una falla monofásica R_F =10 Ω y δ=15° en línea compensada del algoritmo de Reactancia modificado*

Distancia	***Errores*%**				
	Reactancia	**RM.A1**	**RM. A2**	**RM.A3**	**RM.A4**
$20\,\% - 56Km$	0.00	0.00	1.79	0.00	8.93
$40\,\% - 112Km$	0.89	0.89	0.00	1.79	0.00
$60\,\% - 168Km$	6.55	6.55	5.95	8.93	4.76
$80\,\% - 224Km$	25.45	25.89	25.00	27.23	7.14
Error promedio(%)	**8.22**	**8.33**	**8.18**	**9.49**	**5.21**

Tabla 5.14: *Resultados en % de error para una falla monofásica m=0.5 (140 Km) y δ=15° en línea compensada del algoritmo de Reactancia modificado*

RFalla(Ω)	***Errores*%**				
	Reactancia	**RM.A1**	**RM. A2**	**RM.A3**	**RM.A4**
0	1.43	1.43	1.43	0.71	9.29
5	0.71	0.71	0.00	2.14	7.14
10	2.86	2.86	2.14	4.29	2.86
15	5.00	5.00	4.29	6.43	2.86
20	7.14	7.14	6.43	7.86	10.71
Error promedio(%)	**3.43**	**3.43**	**2.86**	**4.29**	**6.57**

En las tablas anteriores se observa que en ambos casos el error promedio en la determinación del punto de falla disminuyó con respecto al error del algoritmo de Reactancia con excepción de las alternativas 1 y 3 en el primer caso y la alternativa 3 en el segundo caso que tuvieron un mayor porcentaje de error en este sistema y en este escenario; la alternativa que en mayor medida disminuyo el error promedio fue la alternativa 4 en el primer caso disminuyendo en un 3.01 % (Tabla 5.13) y la alternativa 2 en el segundo caso disminuyendo en un 0.57 % (Tabla 5.14).

5.4.2. Algoritmo de Takagi Modificado

5.4.2.1. Sistema de prueba 1, escenario 1

En las Tablas 5.15 y 5.16 se presenta los resultados de localización de falla obtenidos por los algoritmos de Takagi y la modificación del algoritmo de Takagi para los dos casos de falla.

Tabla 5.15: *Resultados en % de error para una falla monofásica R_F =10 Ω y δ=15° del algoritmo de Takagi modificado*

Distancia	*Errores %*				
	Takagi	TM.A1	TM.A2	TM.A3	TM.A4
$20\,\% - 40Km$	12.50	7.50	7.50	10.00	2.50
$40\,\% - 80Km$	15.00	12.50	12.50	13.75	2.50
$60\,\% - 120Km$	16.67	15.00	15.00	15.83	0.83
$80\,\% - 160Km$	18.13	16.25	16.25	16.88	0.00
$95\,\% - 190Km$	18.95	17.89	17.37	18.42	2.11
Error promedio(%)	**16.25**	**13.83**	**13.72**	**14.98**	**1.59**

Tabla 5.16: *Resultados en % de error para una falla monofásica m=0.5 (100 Km) y δ=15° del algoritmo de Takagi modificado*

RFalla(Ω)	*Errores %*				
	Takagi	TM.A1	TM. A2	TM.A3	TM.A4
0	18.00	18.00	18.00	19.00	5.00
5	17.00	16.00	16.00	17.00	4.00
10	16.00	14.00	14.00	15.00	2.00
15	15.00	12.00	12.00	13.00	0.00
20	14.00	10.00	9.00	11.00	4.00
Error promedio(%)	**16.00**	**14.00**	**13.80**	**15.00**	**3.00**

Los resultados están expresados en porcentaje de error, donde el error es estimado de acuerdo a (2.42) se hace un promedio del error de cada algoritmo. En las tablas anteriores se puede observar que en ambos casos el error promedio en la determinación del punto de falla disminuyó con respecto al error del algoritmo de Takagi, siendo en mayor medida la alternativa 4 (**TM.A4**) con un 14.66 % en el primer caso (Tabla 5.15) y con un 13 % para el segundo caso (Tabla 5.16).

5.4.2.2. Sistema de prueba 1, escenario 2

En las Tablas 5.17 y 5.18 se presentan los resultados de localización de falla obtenidos por los algoritmos de Takagi y la modificación del algoritmo de Takagi en el segundo escenario, donde las fuentes tiene un desfasamiento angular de 30°.

Tabla 5.17: *Resultados en % de error para una falla monofásica R_F =10 Ω y δ=30° del algoritmo de Takagi modificado*

Distancia	***Errores*%**				
	Takagi	TM.A1	TM.A2	TM.A3	TM.A4
20 % – 40*Km*	12.50	2.50	2.50	2.50	5.00
40 % – 80*Km*	15.00	10.00	10.00	10.00	6.25
60 % – 120*Km*	15.83	13.33	13.33	13.33	5.00
80 % – 160*Km*	16.25	14.38	14.38	15.00	5.00
95 % – 190*Km*	17.37	15.79	16.32	16.32	2.63
Error promedio(%)	**15.39**	**11.20**	**11.30**	**11.43**	**4.78**

Tabla 5.18: *Resultados en % de error para una falla monofásica m=0.5 (100 Km) y δ=30° del algoritmo de Takagi modificado*

RFalla(Ω)	***Errores*%**				
	Takagi	TM.A1	TM. A2	TM.A3	TM.A4
0	17.00	19.00	19.00	19.00	8.00
5	16.00	15.00	15.00	16.00	7.00
10	15.00	11.00	12.00	12.00	6.00
15	14.00	8.00	8.00	8.00	3.00
20	13.00	4.00	4.00	5.00	0.00
Error promedio(%)	**15.00**	**11.40**	**11.60**	**12.00**	**4.80**

De igual manera que en el escenario anterior se puede a preciar en las tablas que el error promedio en la determinación del punto de falla disminuyó con respecto al error del algoritmo de Takagi siendo en mayor medida la alternativa 4 con un 10.61 % para el primer caso (Tabla 5.17) y un 10.2 % para el segundo caso (Tabla 5.18).

5.4.2.3. Sistema de prueba 1, escenario 3

En las Tablas 5.19 y 5.20 se presentan los resultados de localización de falla obtenidos por los algoritmos de Takagi y la modificación del algoritmo de Takagi en el tercer escenario, donde las fuentes tiene un desfasamiento angular de 15° pero con diferentes capacidades de cortocircuito de las fuentes (1000 MVA y 500 MVA), la longitud de la línea sigue siendo la misma.

Tabla 5.19: *Resultados en % de error para una falla monofásica R_F =10 Ω, δ=15° y diferentes potencias entre las fuentes del algoritmo de Takagi modificado*

Distancia	*Errores* %				
	Takagi	TM.A1	TM.A2	TM.A3	TM.A4
20 % – 40*Km*	15.00	12.50	12.50	12.50	2.50
40 % – 80*Km*	17.50	15.00	15.00	16.25	2.50
60 % – 120*Km*	17.50	16.67	16.67	17.50	2.50
80 % – 160*Km*	18.75	18.13	17.50	18.13	3.75
95 % – 190*Km*	18.95	18.42	18.42	18.95	4.21
Error promedio(%)	**17.54**	**16.14**	**16.02**	**16.66**	**3.09**

Tabla 5.20: *Resultados en % de error para una falla monofásica m=0.5 (100 Km), δ=15° y diferentes potencias entre las fuentes del algoritmo de Takagi modificado*

RFalla(Ω)	*Errores* %				
	Takagi	TM.A1	TM. A2	TM.A3	TM.A4
0	19.00	19.00	19.00	19.00	3.00
5	18.00	18.00	18.00	18.00	1.00
10	18.00	16.00	16.00	17.00	2.00
15	17.00	15.00	15.00	15.00	6.00
20	16.00	14.00	13.00	14.00	10.00
Error promedio(%)	**17.60**	**16.40**	**16.20**	**16.60**	**4.40**

De la misma manera en la tablas anteriores se puede apreciar que el error promedio en las modificaciones del algoritmo de Takagi disminuyeron con respecto al error del algoritmo de Takagi, siendo en mayor medida la alternativa 4 con un 14.45 % para el primer caso (Tabla 5.19) y un 13.2 % para el segundo caso (Tabla 5.20).

5.4.2.4. Sistema de prueba 2, escenario 1

En las Tablas 5.21 y 5.22 se presentan los resultados de localización de falla obtenidos por los algoritmos de Takagi y la modificación del algoritmo de Takagi para el el sistema de prueba 2 descrito anteriormente, para los dos casos de falla. En este sistema de prueba solo se realizaron las pruebas para el primer escenario donde las fuentes tienen un desfasamiento angular de 15°, los errores de igual manera están expresados en porcentaje, la longitud de la línea en este sistema de prueba es de 280 km y la capacidad de cortocircuito de cada fuentes es de 1450 MVA.

Tabla 5.21: *Resultados en % de error para una falla monofásica R_F =10 Ω y δ=15° del algoritmo de Takagi modificado*

Distancia	***Errores %***				
	Takagi	**TM.A1**	**TM.A2**	**TM.A3**	**TM.A4**
$20\% - 56Km$	10.71	10.71	7.14	12.50	1.79
$40\% - 112Km$	8.93	8.93	7.14	10.71	8.04
$60\% - 168Km$	7.74	8.33	6.55	9.52	7.74
$80\% - 224Km$	6.70	6.70	4.46	8.48	5.80
$95\% - 266Km$	5.64	5.26	3.01	7.89	4.14
Error promedio(%)	**7.94**	**7.99**	**5.66**	**9.82**	**5.50**

Tabla 5.22: *Resultados en % de error para una falla monofásica m=0.5 (140 Km) y δ=15° del algoritmo de Takagi modificado*

RFalla(Ω)	***Errores %***				
	Takagi	**TM.A1**	**TM. A2**	**TM.A3**	**TM.A4**
0	9.29	10.00	9.29	10.71	10.71
5	9.29	9.29	7.86	9.29	10.00
10	8.57	8.57	7.14	10.00	7.86
15	7.86	8.57	5.71	10.00	3.57
20	7.86	8.57	4.29	10.00	0.00
Error promedio(%)	**8.57**	**9.00**	**6.86**	**10.00**	**6.43**

Se puede apreciar que en este escenario no todas las alternativas tuvieron una disminución del error promedio en la determinación del punto de falla, las alternativas 1 y 3 en ambos casos tuvieron un mayor porcentaje de error con respecto al algoritmo de Takagi, aun así hubo alternativas que disminuyeron el porcentaje de error, la que en mayor medida lo hizo fue la alternativa 4 disminuyendo en un 2.44 % en el primer caso (Tabla 5.21) y un 2.14% en el segundo caso (Tabla 5.22).

5.4.2.5. Sistema de prueba 3, escenario 1

En las Tablas 5.23 y 5.24 se presentan los resultados de localización de falla obtenidos por los algoritmos de Takagi y la modificación del algoritmo de Takagi para el el sistema de prueba 3 descrito anteriormente, para los dos casos de falla. En este sistema de prueba solo se realizaron las pruebas para el primer escenario donde las fuentes tienen un desfasamiento angular de 15°, en este caso la línea en la cual se simula la falla tiene una compensación serie.

Tabla 5.23: *Resultados en % de error para una falla monofásica R_F =10 Ω y δ=15° en línea compensada del algoritmo de Takagi modificado*

Distancia	*Errores%*				
	Takagi	TM.A1	TM.A2	TM.A3	TM.A4
$20\% - 56Km$	0.00	0.00	3.57	0.00	3.57
$40\% - 112Km$	0.89	1.79	1.79	2.68	0.00
$60\% - 168Km$	4.76	8.93	0.60	11.90	10.71
$80\% - 224Km$	18.75	34.38	6.70	37.95	20.98
Error promedio(%)	**6.10**	**11.27**	**3.16**	**13.13**	**8.82**

Tabla 5.24: *Resultados en % de error para una falla monofásica m=0.5 (140 Km) y δ=15° en línea compensada del algoritmo de Takagi modificado*

RFalla(Ω)	*Errores%*				
	Takagi	TM.A1	TM. A2	TM.A3	TM.A4
0	1.43	1.43	1.43	0.71	0.71
5	0.71	1.43	1.43	2.86	2.86
10	2.14	4.29	0.71	6.43	2.14
15	3.57	7.14	1.43	9.29	0.00
20	5.00	10.00	1.43	12.86	5.00
Error promedio(%)	**2.57**	**4.86**	**1.29**	**6.43**	**2.14**

Se puede observar en las tablas anteriores que en este escenario no todas las alternativas tuvieron una disminución del error promedio en la determinación del punto de falla, para el primer caso solo la alternativa 2 tuvo una disminución del error con respecto al algoritmo de Takagi disminuyendo en un 2.94% (Tabla 5.23), para el segundo caso la alternativa 1 y 3 tuvieron un mayor porcentaje de error con respecto al algoritmo de Takagi, la alternativa 2 fue la que disminuyó en mayor medida el porcentaje de error, con un 1.28% (Tabla 5.24).

5.5. Conclusiones

En los resultados mostrados anteriormente se observó una disminución del error en la determinación del punto de falla en los algoritmos modificados de Reactancia y Takagi, se pudo apreciar que al considerar la información del extremo opuesto de la línea de transmisión puede ayudar a tener una mayor precisión en la localización del punto de falla.

La alternativa que en mayor medida disminuyo el error en la determinación del punto de falla en ambos algoritmos modificados (Reactancia y Takagi) fue la alternativa 4, en la cual se trata de estimar el voltaje en el punto de falla, esto sucede para los sistemas de prueba 1 y 2 en el que la línea no tiene compensación, para el caso del sistema de prueba 3 donde la línea cuenta con compensación serie la alternativa 2 en el que se estima el voltaje y la corriente del extremo opuesto de la línea de transmisión muestra una mayor disminución del error. De esta manera los algoritmos modificados de Reactancia y Takagi tendrán un mejor desempeño en la localización del punto de falla para líneas que no estén compensadas utilizando la Alternativa 4.

Capítulo 6

Conclusiones y recomendaciones

6.1. Conclusiones

En el presente trabajo se han estudiado los algoritmos de localización de falla basados corrientes y voltajes de frecuencia fundamental más comunes y se ha concluido con la modificación de los algoritmos de Reactancia y Takagi.

Los algoritmos de localización de fallas que utilizan información de un solo terminal de la línea de transmisión fallada tienen problemas de precisión debido a la presencia de resistencia de falla y al desconocimiento de la información del extremo opuesto de la línea de transmisión.

Debido a que los algoritmos de un solo terminal no tiene acceso a la medición del extremo opuesto de la línea de transmisión fallada, se hacen ciertas aproximaciones para desestimarla. El algoritmo de Reactancia hace la aproximación de que la resistencia de falla es cero, eliminando el término que contiene el voltaje en la falla, provocando el error cuando la resistencia de falla es diferente de cero. El algoritmo de Takagi elimina el término del voltaje en la falla multiplicándolo por una magnitud tal que el resultado sea real y finalmente considera el sistema homogéneo provocando un error cuando el sistema no lo es. En el caso del algoritmo de Phadke y Novosel estos hacen las mismas aproximaciones pero en las redes de secuencia positiva y negativa.

Se evaluaron los algoritmos de Reactancia, Takagi, Phadke y Novosel; en los resultados se puede apreciar que los algoritmos tienen cierto error en la determinación del punto de falla, de los algoritmos evaluados el de Takagi y Reactancia fueron los que mayor porcentaje de error mostraron.

Se proponen 4 alternativas para estimar la corriente y el voltaje del extremo opuesto de la línea de transmisión. A fin de resolver el problema de estimar las magnitudes de voltaje y corriente del extremo opuesto de la línea de transmisión, se asume una tasa de transferencia de potencia baja o se utiliza un método iterativo para determinar las aproximaciones.

Se proponen modificaciones en las ecuaciones de los algoritmos de Reactancia y Takagi para determinar el punto donde ocurrió la falla. En el algoritmo de Reactancia, se elimina la consideración de que las corrientes de falla en ambos extremos extremos de la línea están en fase. En el caso del algoritmo de Takagi, se elimina la consideración de que el sistema es homogéneo.

Se evaluaron los algoritmos modificados de Reactancia y Takagi; en base a los resultados se puede concluir que la alternativa que en mayor medida disminuyo el error en la determinación del punto de falla en ambos algoritmos modificados (Reactancia y Takagi) fue la alternativa 4, en la cual se trata de estimar el voltaje en el punto de falla, esto sucede para los sistemas de prueba 1 y 2 en el que la línea no tiene compensación, para el caso del sistema de prueba 3 donde la línea cuenta con compensación serie, la alternativa 2 en el que se estima el voltaje y la corriente del extremo opuesto de la línea de transmisión muestra una mayor disminución del error.

Los resultados muestran una disminución del error en la determinación del punto de falla con respecto a los algoritmos originales, se observó que al considerar la información del extremo opuesto de la línea de transmisión puede ayudar a tener una mayor precisión en la localización del punto de falla.

6.2. Aportaciones del Trabajo

Las aportaciones de este trabajo son las siguientes:

- Alternativas para estimar voltaje y corriente del extremo opuesto de la línea de transmisión.
- Propuesta de los algoritmos de Reactancia modificado y Takagi modificado que presentan un menor error en la estimación del punto de falla.

6.3. Recomendaciones para trabajos futuros

En base a los resultados obtenidos en este trabajo, las recomendaciones para trabajos futuros en esta área de conocimiento son:

- Evaluar los algoritmos de localización de falla propuestos utilizando señales de voltaje y corriente de casos reales en una red eléctrica.
- Extender la estimación de voltaje y corriente de la terminal remota de la línea para cualquier tipo de falla.

Lista de símbolos

Símbolo	**Definición**
$\underline{Z}_L$	Impedancia de la línea
R_L	Resistencia de la línea
X_L	Reactancia inductiva de la línea
R_f	Resistencia de falla
m	Distancia al punto de falla
$\underline{V}_A$	Voltaje en el punto A
$\underline{V}_B$	Voltaje en el punto B
$\underline{I}_A$	Corriente en el punto A
$\underline{I}_B$	Corriente en el punto B
$\underline{I}_F$	Corriente total de falla
Im	Parte imaginaria
$\underline{V}_A^M$	Voltaje medido por el localizador en el punto A
$\underline{I}_A^M$	Corriente medida por el localizador en el punto A
$\underline{V}_{Aa}$	Voltaje medido en el punto A de la fase a
$\underline{V}_{Ab}$	Voltaje medido en el punto A de la fase b
$\underline{V}_{Ac}$	Voltaje medido en el punto A de la fase c
$\underline{I}_{Aa}$	Corriente medida en el punto A de la fase a
$\underline{I}_{Ab}$	Corriente medida en el punto A de la fase b
$\underline{I}_{Ac}$	Corriente medida en el punto A de la fase c
$\underline{I}_{A1}$	Corriente de secuencia positiva medida en el punto A
$\underline{I}_{A2}$	Corriente de secuencia negativa medida en el punto A
$\underline{I}_{A0}$	Corriente de secuencia cero medida en el punto A
$\underline{Z}_{L1}$	Impedancia de secuencia positiva de la línea
$\underline{Z}_{L0}$	Impedancia de secuencia cero de la línea
δ	Desfase de ángulo entre las fuentes de generación
$\underline{I'}_A$	Corriente de prefalla en el punto A
$\underline{I''}_A$	Corriente de falla en el punto A
$\underline{K}_A$	Factor de distribución de corriente
$*$	Indica el conjugado de un vector
α	Ángulo del factor de distribución de corriente

$\underline{V}_{A1}$	Voltaje de secuencia positiva medido en el punto A
$\underline{V}_{A2}$	Voltaje de secuencia negativa medido en el punto A
$\underline{V}_{A0}$	Voltaje de secuencia cero medido en el punto A
$\underline{I}_{F1}$	Corriente total de falla de secuencia positiva
$\underline{I}_{F2}$	Corriente total de falla de secuencia negativa
$\underline{I}_{F0}$	Corriente total de falla de secuencia cero
$\underline{I'}_{A1}$	Corriente de prefalla de secuencia positiva en el punto A
$\underline{I'}_{A2}$	Corriente de prefalla de secuencia negativa en el punto A
$\underline{I'}_{A0}$	Corriente de prefalla de secuencia cero en el punto A
$\underline{I"}_{A1}$	Corriente de falla de secuencia positiva en el punto A
$\underline{I"}_{A2}$	Corriente de falla de secuencia negativa en el punto A
$\underline{I"}_{A0}$	Corriente de falla de secuencia cero en el punto A
$\underline{K}_1$	Factor de distribución de corriente de secuencia positiva
$\underline{K}_2$	Factor de distribución de corriente de secuencia negativa
P_A	Potencia activa en el punto A
Q_A	Potencia reactiva en el punto A
$\underline{S}_B$	Potencia total en el punto B
θ	Ángulo del factor de potencia
R_0	Resistencia de secuencia cero
R_1	Resistencia de secuencia positiva
L_0	Inductancia de secuencia cero
L_1	Inductancia de secuencia positiva

Bibliografía

[1] E. R. M.M Saha, J. Izykowski, *Fault Location on Power Networks.* London: Springer, 2010.

[2] C. W. A.R. Van, *Protective relays: their theory and practice.* Londo, Great Britain: Chapman and Hall, first ed., 1968.

[3] T. Takagi and M. Yamaura, "DEVELOPMENT OF A NEW TYPE FAULT LOCATOR USING THE ONE-TERMINAL VOLTAGE AND CURRENT DATA," vol. 75, no. 8, pp. 2892–2898, 1982.

[4] G. D. Eriksson, Leif and Saha, M.M. and Rockefeller, "An Accurate Fault Locator with Compensation for Apparent Reactance in the Fault Resistance Resulting from Remote-End Infeed," *Power Engineering Review, IEEE*, vol. PER-5, no. 2, pp. 44–44, 1985.

[5] W. E. D. Novosel, A.G. Phadke, "Improvements in Fault Location Estimate," *Seventh Annual Conference for Fault and Disturbance Analysis, Texas A&M University, College Station, Texas, April 14-16*, 1993.

[6] A.G. Phadke and M.A. Xavier, "Limits to fault location accuracy," *Seventh Annual Conference for Fault and Disturbance Analysis, Texas A&M University, College Station, Texas, April 14-16*, 1993.

[7] J.Kohlas, "Estimation of Fault Locations on Power Lines," *Proc. of the 3rd IFAC Symposium Hague/Delft, Netherlands*, pp. 393–402, 1973.

[8] M. Farshad, S. Member, and J. Sadeh, "Accurate Single-Phase Fault-Location Method for Transmission Lines Based on K-Nearest Neighbor Algorithm Using One-End Voltage," vol. 27, no. 4, pp. 2360–2367, 2012.

[9] M. Bo, Z.Q. and Weller, G. and Redfern, "Accurate fault location technique for distribution system using fault-generated high frequency transient voltage signals," *Generation, Transmission and Distribution, IEE Proceedings*, vol. 146, no. 1, pp. 73–79, 1999.

[10] A. Magnago, F.H. and Abur, "A new fault location technique for radial distribution systems based on high frequency signals," *Power Engineering Society Summer Meeting, 1999. IEEE*, vol. 1, pp. 426–431, 1999.

[11] J. M. M. Herman W. Dommel, "High Speed Relaying Using Traveling Wave Transient Analysis," *IEEE PES Summer Meeting, January 29-February 3*, vol. A78, pp. 214–9, 1978.

[12] P. Crossley, P.A and McLaren, "Distance Protection Based on Travelling Waves," *Power Apparatus and Systems, IEEE Transactions on*, vol. PAS-102, pp. 2971–2983, 1983.

[13] S. Aggarwal, R.K. and Blond, S.L. and Beaumont, P. and Baber, G. and Kawano, F. and Miura, "High frequency fault location method for transmission lines based on artificial neural network and genetic algorithm using current signals only," *Developments in Power Systems Protection, 2012. DPSP 2012. 11th International Conference on*, pp. 1–6, 2012.

[14] S. Y. Aggarwal RK, Joorabian M, "Fuzzy neural network approach to accurate transmission line fault location," *Int J of Eng Intell Syst for Electr Eng and Commun*, pp. 251–258, 1997.

[15] J. Jarventausta, P. and Verho, P. and Partanen, "Using fuzzy sets to model the uncertainty in the fault location process of distribution networks," *Power Delivery, IEEE Transactions on*, vol. 9, no. 2, pp. 954–960, 1994.

[16] G. E. D. Energy, "Digital Energy L90 Line Current Differential System," 2013.

[17] H. Saada, *Power System Analysis.* New York: Kevin Kanel, first ed., 1999.

[18] A. B. Shah, V. K. Sood, and O. Saad, "Mho Relay for Protection of Series Compensated Transmission Lines," *International Conference on Power Systems Transients (IPST2009) in Kyoto, Japan June 3-6*, 2009.

Índice de figuras

Indice de tablas

Kolibri 360 GmbH
Ferdinand-Jühlke-Straße 7
99095 Erfurt, Deutschland
produktsicherheit@kolibri360.de

Druck:
CPI Druckdienstleistungen GmbH
im Auftrag der
Kolibri 360 GmbH
Ferdinand-Jühlke-Str. 7
99095 Erfurt